国家出版基金项目
NATIONAL PUBLICATION FOUNDATION

"十四五"时期国家重点出版物出版专项规划项目

中国建造关键技术创新与应用丛书

大型办公建筑工程建造关键施工技术

肖绪文　蒋立红　张晶波　黄　刚　等　编

中国建筑工业出版社

图书在版编目（CIP）数据

大型办公建筑工程建造关键施工技术／肖绪文等编
. — 北京：中国建筑工业出版社，2023.12
（中国建造关键技术创新与应用丛书）
ISBN 978-7-112-29458-9

Ⅰ．①大… Ⅱ．①肖… Ⅲ．①办公建筑－建筑施工
Ⅳ．①TU243

中国国家版本馆 CIP 数据核字（2023）第 244718 号

本书结合实际办公建筑建设情况，收集大量相关资料，对大型办公建筑的建设特点、施工技术、施工管理等进行系统、全面的统计，加以提炼，通过已建项目的施工经验，紧抓大型办公建筑的特点以及施工技术难点，从大型办公建筑的功能形态特征、关键施工技术、专业施工技术三个层面进行研究，形成一套系统的大型办公建筑建造技术，并遵循集成技术开发思路，围绕大型办公建筑建设，分篇章对其进行总结介绍，共包括 16 项关键技术、28 项专项技术，并且提供 9 个工程案例辅以说明。本书适合于建筑施工领域技术、管理人员参考使用。

责任编辑：曹丹丹　范业庶　万　李
责任校对：李美娜

中国建造关键技术创新与应用丛书
大型办公建筑工程建造关键施工技术
肖绪文　蒋立红　张晶波　黄　刚　等　编
*
中国建筑工业出版社出版、发行（北京海淀三里河路 9 号）
各地新华书店、建筑书店经销
北京红光制版公司制版
北京中科印刷有限公司印刷
*
开本：787 毫米×960 毫米　1/16　印张：18¾　字数：321 千字
2023 年 12 月第一版　　2023 年 12 月第一次印刷
定价：**55.00** 元
ISBN 978-7-112-29458-9
（41737）

《中国建造关键技术创新与应用丛书》
编 委 会

肖绪文　　蒋立红　　张晶波　　黄　刚

王玉岭　　王存贵　　冉志伟　　张　琨

吴月华　　李景芳　　油新华　　赵福明

焦安亮　　于震平　　欧亚明　　孙金桥

刘　彬　　曹　光　　王海兵　　王　辉

白　蓉　　谭　青　　张云富　　黄延铮

刘　涛

《大型办公建筑工程建造关键施工技术》
编 委 会

冉志伟　林力勋　袁　燕　令狐延

刘光荣　舒　波　宋　显　赵　桢

李　攀　梁　森　苏国活　陈　涛

《中国建造关键技术创新与应用丛书》
编者的话

一、初心

"十三五"期间，我国建筑业改革发展成效显著，全国建筑业增加值年均增长 5.1%，占国内生产总值比重保持在 6.9% 以上。2022 年，全国建筑业总产值近 31.2 万亿元，房屋施工面积 156.45 亿 m^2，建筑业从业人数 5184 万人。建筑业作为国民经济支柱产业的作用不断增强，为促进经济增长、缓解社会就业压力、推进新型城镇化建设、保障和改善人民生活作出了重要贡献，中国建造也与中国创造、中国制造共同发力，不断改变着中国面貌。

建筑业在为社会发展作出巨大贡献的同时，仍然存在资源浪费、环境污染、碳排放高、作业条件差等显著问题，建筑行业工程质量发展不平衡不充分的矛盾依然存在，随着国民生活水平的快速提升，全面建成小康社会也对工程建设产品和服务提出了新的要求，因此，建筑业实现高质量发展更为重要紧迫。

众所周知，工程建造是工程立项、工程设计与工程施工的总称，其中，对于建筑施工企业，更多涉及的是工程施工活动。在不同类型建筑的施工过程中，由于工艺方法、作业人员水平、管理质量的不同，导致建筑品质总体不高、工程质量事故时有发生。因此，亟须建筑施工行业，针对各种不同类别的建筑进行系统集成技术研究，形成成套施工技术，指导工程实践，以提高工程品质，保障工程安全。

中国建筑集团有限公司（简称"中建集团"），是我国专业化发展最久、市场化经营最早、一体化程度最高、全球规模最大的投资建设集团。2022 年，中建集团位居《财富》"世界 500 强"榜单第 9 位，连续位列《财富》"中国 500 强"前 3 名，稳居《工程新闻记录》（ENR）"全球最大 250 家工程承包商"榜单首位，连续获得标普、穆迪、惠誉三大评级机构 A 级信用评级。近年来，随着我国城市化进程的快速推进和经济水平的迅速增长，中建集团下属各单位在航站楼、会展建筑、体育场馆、大型办公建筑、医院、制药厂、污水处理厂、居住建筑、建筑工程装饰装修、城市综合管廊等方面，承接了一大批国内外具有代表性的地标性工程，积累了丰富的施工管理经验，针对具体施工工艺，研究形成了许多卓有成效的新型施工技术，成果应用效果明显。然而，这些成果仍然分散在各个单位，应用水平参差不齐，难能实现资源共享，更不能在行业中得到广泛应用。

基于此，一个想法跃然而生：集中中建集团技术力量，将上述施工技术进行集成研究，形成针对不同工程类型的成套施工技术，可以为工程建设提供全方位指导和借鉴作用，为提升建筑行业施工技术整体水平起到至关重要的促进作用。

二、实施

初步想法形成以后，如何实施，怎样达到预期目标，仍然存在诸多困难：一是海量的工程数据和技术方案过于繁杂，资料收集整理工程量巨大；二是针对不同类型的建筑，如何进行归类、分析，形成相对标准化的技术集成，有效指导基层工程技术人员的工作难度很大；三是该项工作标准要求高，任务周期长，如何组建团队，并有效地组织完成这个艰巨的任务面临巨大挑战。

随着国家科技创新力度的持续加大和中建集团的高速发展，我们的想法得到了集团领导的大力支持，集团决定投入专项研发经费，对科技系统下达了针对"房屋建筑、污水处理和管廊等工程施工开展系列集成技术研究"的任务。

接到任务以后，如何出色完成呢？

首先是具体落实"谁来干"的问题。我们分析了集团下属各单位长期以来在该领域的技术优势，并在广泛征求意见的基础上，确定了"在集团总部主导下，以工程技术优势作为相应工程类别的课题牵头单位"的课题分工原则。具体分工是：中建八局负责航站楼；中建五局负责会展建筑；中建三局负责体育场馆；中建四局负责大型办公建筑；中建一局负责医院；中建二局负责制药厂；中建六局负责污水处理厂；中建七局负责居住建筑；中建装饰负责建筑装饰装修；中建集团技术中心负责城市综合管廊建筑。组建形成了由集团下属二级单位总工程师作课题负责人，相关工程项目经理和总工程师为主要研究人员，总人数达 300 余人的项目科研团队。

其次是确定技术路线，明确如何干的问题。通过对各类建筑的施工组织设计、施工方案和技术交底等指导施工的各类文件的分析研究发现，工程施工项目虽然千差万别，但同类技术文件的结构大多相同，内容的重复性大多占有主导地位，因此，对这些文件进行标准化处理，把共性技术和内容固化下来，这将使复杂的投标方案、施工组织设计、施工方案和技术交底等文件的编制变得相对简单。

根据之前的想法，结合集团的研发布局，初步确定该项目的研发思路为：全面收集中建集团及其所属单位完成的航站楼、会展建筑、体育场馆、大型办公建筑、医院、制药厂、污水处理厂、居住建筑、建筑工程装饰装修、城市综合管廊十大系列项目的所有资料，分析各类建筑的施工特点，总结其施工组织和部署的内在规律，提出该类建筑的技术对策。同时，对十大系列项目的施工组织设计、施工方案、工法等技术资源进行收集和梳理，将其系统化、标准化，以指导相应的工程项目投标和实施，提高项目运行的效率及质量。据此，针对不同工程特点选择适当的方案和技术是一种相对高效的方法，可有效减少工程项目技术人员从事繁杂的重复性劳动。

项目研究总体分为三个阶段：

第一阶段是各类技术资源的收集整理。项目组各成员对中建集团所有施工项目进行资料收集，并分类筛选。累计收集各类技术标文件 381 份，施工组织设计 269 份，项目施工图 206 套，施工方案 3564 篇，工法 547 项，专利 241 篇，论文若干，充分涵盖了十大类工程项目的施工技术。

第二阶段是对相应类型工程项目进行分析研究。由课题负责人牵头，集合集团专业技术人员优势能力，完成对不同类别工程项目的分析，识别工程特点难点，对关键技术、专项技术和一般技术进行分类，找出相应规律，形成相应工程实施的总体部署要点和组织方法。

第三阶段是技术标准化。针对不同类型工程项目的特点，对提炼形成的关键施工技术和专项施工技术进行系统化和规范化，对技术资料进行统一性要求，并制作相关文档资料和视频影像数据库。

基于科研项目层面，对课题完成情况进行深化研究和进一步凝练，最终通过工程示范，检验成果的可实施性和有效性。

通过五年多时间，各单位按照总体要求，研编形成了本套丛书。

三、成果

十年磨剑终成锋，根据系列集成技术的研究报告整理形成的本套丛书终将面世。丛书依据工程功能类型分为：航站楼、会展建筑、体育场馆、大型办公建筑、医院、制药厂、污水处理厂、居住建筑、建筑工程装饰装修、城市综合管廊十大系列，每一系列单独成册，每册包含概述、功能形态特征研究、关键技术研究、专项技术研究和工程案例五个章节。其中，概述章节主要介绍项目的发展概况和研究简介；功能形态特征研究章节对项目的特点、施工难点进行了分析；关键技术研究和专项技术研究章节针对项目施工过程中各类创新技术进行了分类总结提炼；工程案例章节展现了截至目前最新完成的典型工程项目。

1.《航站楼工程建造关键施工技术》

随着经济的发展和国家对基础设施投资的增加，机场建设成为国家投资的重点，机场除了承担其交通作用外，往往还肩负着代表一个城市形象、体现地区文化内涵的重任。该分册集成了国内近十年绝大多数大型机场的施工技术，提炼总结了针对航站楼的17项关键施工技术、9项专项施工技术。同时，形成省部级工法33项、企业工法10项，获得专利授权36项，发表论文48篇，收录典型工程实例20个。

针对航站楼工程智能化程度要求高、建筑平面尺寸大等重难点，总结了17项关键施工技术：

- 装配式塔式起重机基础技术
- 机场航站楼超大承台施工技术
- 航站楼钢屋盖滑移施工技术

- 航站楼大跨度非稳定性空间钢管桁架"三段式"安装技术

- 航站楼"跨外吊装、拼装胎架滑移、分片就位"施工技术

- 航站楼大跨度等截面倒三角弧形空间钢管桁架拼装技术

- 航站楼大跨度变截面倒三角空间钢管桁架拼装技术

- 高大侧墙整体拼装式滑移模板施工技术

- 航站楼大面积曲面屋面系统施工技术

- 后浇带与膨胀剂综合用于超长混凝土结构施工技术

- 跳仓法用于超长混凝土结构施工技术

- 超长、大跨、大面积连续预应力梁板施工技术

- 重型盘扣架体在大跨度渐变拱形结构施工中的应用

- BIM 机场航站楼施工技术

- 信息系统技术

- 行李处理系统施工技术

- 安检信息管理系统施工技术

针对屋盖造型奇特、机电信息系统复杂等特点，总结了 9 项专项施工技术：

- 航站楼钢柱混凝土顶升浇筑施工技术

- 隔震垫安装技术

- 大面积回填土注浆处理技术

- 厚钢板异形件下料技术

- 高强度螺栓施工、检测技术

- 航班信息显示系统（含闭路电视系统、时钟系统）施工技术

- 公共广播、内通及时钟系统施工技术

- 行李分拣机安装技术

- 航站楼工程不停航施工技术

2.《会展建筑工程建造关键施工技术》

随着经济全球化进一步加速，各国之间的经济、技术、贸易、文化等往来日益频繁，为会展业的发展提供了巨大的机遇，会展业涉及的范围越来越广，

规模越来越大，档次越来越高，在社会经济中的影响也越来越大。该分册集成了30余个会展建筑的施工技术，提炼总结了针对会展建筑的11项关键施工技术、12项专项施工技术。同时，形成国家标准1部、施工技术交底102项、工法41项、专利90项，发表论文129篇，收录典型工程实例6个。

针对会展建筑功能空间大、组合形式多、屋面造型新颖独特等特点，总结了11项关键施工技术：

- 大型复杂建筑群主轴线相关性控制施工技术
- 轻型井点降水施工技术
- 吹填砂地基超大基坑水位控制技术
- 超长混凝土墙面无缝施工及综合抗裂技术
- 大面积钢筋混凝土地面无缝施工技术
- 大面积钢结构整体提升技术
- 大跨度空间钢结构累积滑移技术
- 大跨度钢结构旋转滑移施工技术
- 钢骨架玻璃幕墙设计施工技术
- 拉索式玻璃幕墙设计施工技术
- 可开启式天窗施工技术

针对测量定位、大跨度（钢）结构、复杂幕墙施工等重难点，总结了12项专项施工技术：

- 大面积软弱地基处理技术
- 大跨度混凝土结构预应力技术
- 复杂空间钢结构高空原位散件拼装技术
- 穹顶钢—索膜结构安装施工技术
- 大面积金属屋面安装技术
- 金属屋面节点防水施工技术
- 大面积屋面虹吸排水系统施工技术
- 大面积异形地面铺贴技术

- 大空间吊顶施工技术
- 大面积承重耐磨地面施工技术
- 饰面混凝土技术
- 会展建筑机电安装联合支吊架施工技术

3.《体育场馆工程建造关键施工技术》

体育比赛现今作为国际政治、文化交流的一种依托，越来越受到重视，同时，我国体育事业的迅速发展，带动了体育场馆的建设。该分册集成了中建集团及其所属企业完成的绝大多数体育场馆的施工技术，提炼总结了针对体育场馆的 16 项关键施工技术、17 项专项施工技术。同时，形成国家级工法 15 项、省部级工法 32 项、企业工法 26 项、专利 21 项，发表论文 28 篇，收录典型工程实例 15 个。

为了满足各项赛事的场地高标准需求（如赛场平整度、光线满足度、转播需求等），总结了 16 项关键施工技术：

- 复杂（异形）空间屋面钢结构测量及变形监测技术
- 体育场看台依山而建施工技术
- 大截面 Y 形柱施工技术
- 变截面 Y 形柱施工技术
- 高空大直径组合式 V 形钢管混凝土柱施工技术
- 异形尖劈柱施工技术
- 永久模板混凝土斜扭柱施工技术
- 大型预应力环梁施工技术
- 大悬挑钢桁架预应力拉索施工技术
- 大跨度钢结构滑移施工技术
- 大跨度钢结构整体提升技术
- 大跨度钢结构卸载技术
- 支撑胎架设计与施工技术
- 复杂空间管桁架结构现场拼装技术

- 复杂空间异形钢结构焊接技术
- ETFE膜结构施工技术

为了更好地满足观赛人员的舒适度，针对体育场馆大跨度、大空间、大悬挑等特点，总结了17项专项施工技术：

- 高支模施工技术
- 体育馆木地板施工技术
- 游泳池结构尺寸控制技术
- 射击馆噪声控制技术
- 体育馆人工冰场施工技术
- 网球场施工技术
- 塑胶跑道施工技术
- 足球场草坪施工技术
- 国际马术比赛场施工技术
- 体育馆吸声墙施工技术
- 体育场馆场地照明施工技术
- 显示屏安装技术
- 体育场馆智能化系统集成施工技术
- 耗能支撑加固安装技术
- 大面积看台防水装饰一体化施工技术
- 体育场馆标识系统制作及安装技术
- 大面积无损拆除技术

4.《大型办公建筑工程建造关键施工技术》

随着现代城市建设和城市综合开发的大幅度前进，一些大城市尤其是较为开放的城市在新城区规划设计中，均加入了办公建筑及其附属设施（即中央商务区/CBD）。该分册全面收集和集成了中建集团及其所属企业完成的大型办公建筑的施工技术，提炼总结了针对大型办公建筑的16项关键施工技术、28项专项施工技术。同时，形成适用于大型办公建筑施工的专利共53项、工法12

项，发表论文 65 篇，收录典型工程实例 9 个。

针对大型办公建筑施工重难点，总结了 16 项关键施工技术：

- 大吨位长行程油缸整体顶升模板技术
- 箱形基础大体积混凝土施工技术
- 密排互嵌式挖孔方桩墙逆作施工技术
- 无粘结预应力抗拔桩桩侧后注浆技术
- 斜扭钢管混凝土柱抗剪环形梁施工技术
- 真空预压＋堆载振动碾压加固软弱地基施工技术
- 混凝土支撑梁减振降噪微差控制爆破拆除施工技术
- 大直径逆作板墙深井扩底灌注桩施工技术
- 超厚大斜率钢筋混凝土剪力墙爬模施工技术
- 全螺栓无焊接工艺爬升式塔式起重机支撑牛腿支座施工技术
- 直登顶模平台双标准节施工电梯施工技术
- 超高层高适应性绿色混凝土施工技术
- 超高层不对称钢悬挂结构施工技术
- 超高层钢管混凝土大截面圆柱外挂网抹浆防护层施工技术
- 低压喷涂绿色高效防水剂施工技术
- 地下室梁板与内支撑合一施工技术

为了更好利用城市核心区域的土地空间，打造高端的知名品牌，大型办公建筑一般为高层或超高层项目，基于此，总结了 28 项专项施工技术：

- 大型地下室综合施工技术
- 高精度超高测量施工技术
- 自密实混凝土技术
- 超高层导轨式液压爬模施工技术
- 厚钢板超长立焊缝焊接技术
- 超大截面钢柱陶瓷复合防火涂料施工技术
- PVC 中空内模水泥隔墙施工技术

- 附着式塔式起重机自爬升施工技术

- 超高层建筑施工垂直运输技术

- 管理信息化应用技术

- BIM 施工技术

- 幕墙施工新技术

- 建筑节能新技术

- 冷却塔的降噪施工技术

- 空调水蓄冷系统蓄冷水池保温、防水及均流器施工技术

- 超高层高适应性混凝土技术

- 超高性能混凝土的超高泵送技术

- 超高层施工期垂直运输大型设备技术

- 基于 BIM 的施工总承包管理系统技术

- 复杂多角度斜屋面复合承压板技术

- 基于 BIM 的钢结构预拼装技术

- 深基坑旧改项目利用旧地下结构作为支撑体系换撑快速施工技术

- 新型免立杆铝模支撑体系施工技术

- 工具式定型化施工电梯超长接料平台施工技术

- 预制装配化压重式塔式起重机基础施工技术

- 复杂异形蜂窝状高层钢结构的施工技术

- 中风化泥质白云岩大筏板基础直壁开挖施工技术

- 深基坑双排双液注浆止水帷幕施工技术

5.《医院工程建造关键施工技术》

由于我国医疗卫生事业的发展，许多医院都先后进入"改善医疗环境"的建设阶段，各地都在积极改造原有医院或兴建新型的现代医疗建筑。该分册集成了中建集团及其所属企业完成的医院的施工技术，提炼总结了针对医院的 7 项关键施工技术、7 项专项施工技术。同时，形成工法 13 项，发表论文 7 篇，收录典型工程实例 15 个。

针对医院各功能板块的使用要求，总结了7项关键施工技术：

- 洁净施工技术
- 防辐射施工技术
- 医院智能化控制技术
- 医用气体系统施工技术
- 酚醛树脂板干挂法施工技术
- 橡胶卷材地面施工技术
- 内置钢丝网架保温板（IPS板）现浇混凝土剪力墙施工技术

针对医院特有的洁净要求及通风光线需求，总结了7项专项施工技术：

- 给水排水、污水处理施工技术
- 机电工程施工技术
- 外墙保温装饰一体化板粘贴施工技术
- 双管法高压旋喷桩加固抗软弱层位移施工技术
- 构造柱铝合金模板施工技术
- 多层钢结构双向滑动支座安装技术
- 多曲神经元网壳钢架加工与安装技术

6.《制药厂工程建造关键施工技术》

随着人民生活水平的提高，对药品质量的要求也日益提高，制药厂越来越多。该分册集成了15个制药厂的施工技术，提炼总结了针对制药厂的6项关键施工技术、4项专项施工技术。同时，形成论文和总结18篇、施工工艺标准9篇，收录典型工程实例6个。

针对制药厂高洁净度的要求，总结了6项关键施工技术：

- 地面铺贴施工技术
- 金属壁施工技术
- 吊顶施工技术
- 洁净环境净化空调技术
- 洁净厂房的公用动力设施

- 洁净厂房的其他机电安装关键技术

针对洁净环境的装饰装修、机电安装等功能需求，总结了 4 项专项施工技术：

- 洁净厂房锅炉安装技术
- 洁净厂房污水、有毒液体处理净化技术
- 洁净厂房超精地坪施工技术
- 制药厂防水、防潮技术

7.《污水处理厂工程建造关键施工技术》

节能减排是当今世界发展的潮流，也是我国国家战略的重要组成部分，随着城市污水排放总量逐年增多，污水处理厂也越来越多。该分册集成了中建集团及其所属企业完成的污水处理厂的施工技术，提炼总结了针对污水处理厂的 13 项关键施工技术、4 项专项施工技术。同时，形成国家级工法 3 项、省部级工法 8 项，申请国家专利 14 项，发表论文 30 篇，完成著作 2 部，QC 成果获国家建设工程优秀质量管理小组 2 项，形成企业标准 1 部、行业规范 1 部，收录典型工程实例 6 个。

针对不同污水处理工艺和设备，总结了 13 项关键施工技术：

- 超大面积、超薄无粘结预应力混凝土施工技术
- 异形沉井施工技术
- 环形池壁无粘结预应力混凝土施工技术
- 超高独立式无粘结预应力池壁模板及支撑系统施工技术
- 顶管施工技术
- 污水环境下混凝土防腐施工技术
- 超长超高剪力墙钢筋保护层厚度控制技术
- 封闭空间内大方量梯形截面素混凝土二次浇筑施工技术
- 有水管道新旧钢管接驳施工技术
- 乙丙共聚蜂窝式斜管在沉淀池中的应用技术
- 滤池内滤板模板及曝气头的安装技术

- 水工构筑物橡胶止水带引发缝施工技术

- 卵形消化池综合施工技术

为了满足污水处理厂反应池的结构要求，总结了 4 项专项施工技术：

- 大型露天水池施工技术

- 设备安装技术

- 管道安装技术

- 防水防腐涂料施工技术

8.《居住建筑工程建造关键施工技术》

在现代社会的城市建设中，居住建筑是占比最大的建筑类型，近年来，全国城乡住宅每年竣工面积达到 12 亿～14 亿 m²，投资额接近万亿元，约占全社会固定资产投资的 20%。该分册集成了中建集团及其所属企业完成的居住建筑的施工技术，提炼总结了居住建筑的 13 项关键施工技术、10 项专项施工技术。同时，形成国家级工法 8 项、省部级工法 23 项；申请国家专利 38 项，其中发明专利 3 项；发表论文 16 篇；收录典型工程实例 7 个。

针对居住建筑的分部分项工程，总结了 13 项关键施工技术：

- SI 住宅配筋清水混凝土砌块砌体施工技术

- SI 住宅干式内装系统墙体管线分离施工技术

- 装配整体式约束浆锚剪力墙结构住宅节点连接施工技术

- 装配式环筋扣合锚接混凝土剪力墙结构体系施工技术

- 地源热泵施工技术

- 顶棚供暖制冷施工技术

- 置换式新风系统施工技术

- 智能家居系统

- 预制保温外墙免支模一体化技术

- CL 保温一体化与铝模板相结合施工技术

- 基于铝模板爬架体系外立面快速建造施工技术

- 强弱电箱预制混凝土配块施工技术

- 居住建筑各功能空间的主要施工技术

10 项专项施工技术包括：

- 结构基础质量通病防治
- 混凝土结构质量通病防治
- 钢结构质量通病防治
- 砖砌体质量通病防治
- 模板工程质量通病防治
- 屋面质量通病防治
- 防水质量通病防治
- 装饰装修质量通病防治
- 幕墙质量通病防治
- 建筑外墙外保温质量通病防治

9.《建筑工程装饰装修关键施工技术》

随着国民消费需求的不断升级和分化，我国的酒店业正在向着更加多元的方向发展，酒店也从最初的满足住宿功能阶段发展到综合提升用户体验的阶段。该分册集成了中建集团及其所属企业完成的高档酒店装饰装修的施工技术，提炼总结了建筑工程装饰装修的 7 项关键施工技术、7 项专项施工技术。同时，形成工法 23 项；申请国家专利 15 项，其中发明专利 2 项；发表论文 9 篇；收录典型工程实例 14 个。

针对不同装饰部位及工艺的特点，总结了 7 项关键施工技术：

- 多层木造型艺术墙施工技术
- 钢结构玻璃罩扣幻光穹顶施工技术
- 整体异形（透光）人造石施工技术
- 垂直水幕系统施工技术
- 高层井道系统轻钢龙骨石膏板隔墙施工技术
- 锈面钢板施工技术
- 隔振地台施工技术

为了提升住户体验，总结了 7 项专项施工技术：

- 地面工程施工技术
- 吊顶工程施工技术
- 轻质隔墙工程施工技术
- 涂饰工程施工技术
- 裱糊与软包工程施工技术
- 细部工程施工技术
- 隔声降噪施工关键技术

10. 《城市综合管廊工程建造关键施工技术》

为了提高城市综合承载力，解决城市交通拥堵问题，同时方便电力、通信、燃气、供排水等市政设施的维护和检修，城市综合管廊越来越多。该分册集成了中建集团及其所属企业完成的城市综合管廊的施工技术，提炼总结了10 项关键施工技术、10 项专项施工技术，收录典型工程实例 8 个。

针对城市综合管廊不同的施工方式，总结了 10 项关键施工技术：

- 模架滑移施工技术
- 分离式模板台车技术
- 节段预制拼装技术
- 分块预制装配技术
- 叠合预制装配技术
- 综合管廊盾构过节点井施工技术
- 预制顶推管廊施工技术
- 哈芬槽预埋施工技术
- 受限空间管道快速安装技术
- 预拌流态填筑料施工技术

10 项专项施工技术包括：

- U 形盾构施工技术
- 两墙合一的预制装配技术

- 大节段预制装配技术

- 装配式钢制管廊施工技术

- 竹缠绕管廊施工技术

- 喷涂速凝橡胶沥青防水涂料施工技术

- 火灾自动报警系统安装技术

- 智慧线＋机器人自动巡检系统施工技术

- 半预制装配技术

- 内部分舱结构施工技术

四、感谢与期望

该项科技研发项目针对十大类工程形成的系列集成技术，是中建集团多年来经验和优势的体现，在一定程度上展示了中建集团的综合技术实力和管理水平。

不忘初心，牢记使命。希望通过本套丛书的出版发行，一方面可帮助企业减轻投标文件及实施性技术文件的编制工作量，提升效率；另一方面为企业生产专业化、管理标准化提供技术支撑，进而逐步改变施工企业之间技术发展不均衡的局面，促进我国建筑业高质量发展。

在此，非常感谢奉献自己研究成果，并付出巨大努力的相关单位和广大技术人员，同时要感谢在系列集成技术研究成果基础上，为编撰本套丛书提供支持和帮助的行业专家。我们愿意与各位行业同仁一起，持续探索，为中国建筑业的发展贡献微薄之力。

考虑到本项目研究涉及面广，研究时间持续较长，研究人员变化较大，研究水平也存在较大差异，我们在出版前期尽管做了许多完善凝练的工作，但还是存在许多不尽如意之处，诚请业内专家斧正，我们不胜感激。

编委会

北京　2023 年

前　　言

随着我国改革开放的深入发展和国民经济健康成长，各种大型办公综合体建筑不断涌现。办公综合体建筑涉及的内容广泛，相关专业种类繁多，建筑施工技术要求标准高，采用非常规的方法、手段和各种具有创新意识的施工方案层出不穷，并且由于大多数大型建筑本身具有的建设特色，必须采用先进的施工技术和独特的管理措施，方能较好地完成相关工程的建设任务。为了高标准、高水平、高效率地完成办公综合体建设任务，适应国民经济建设的需要，特针对同类工程的成套建造技术进行研究，编写本书。

本书在已有办公综合体建筑施工技术方案、成果的基础上采用分类归纳、抽象概括等分析方法，提炼出办公综合体建筑设计、施工的特点，针对施工技术集成施工组织设计及策略、基坑支护施工技术、基础施工技术、结构安全防护技术、施工用电综合技术、机电安装施工技术、装饰装修施工技术、建筑施工信息化综合利用技术、钢结构施工技术等，从功能形态特征研究、关键技术研究和专项技术研究三个方面进行分类汇总，可为同类工程提供全方位指导和借鉴，对推进办公建筑建造技术的整体水平将起到非常重要的作用。

目　　录

1 概　　述

现代城市是由建筑空间和公共空间加上交通系统、绿化系统、市政系统等有机组合在一起的整体，由于城市生活节奏不断加快，这种有机整体间的联系越来越紧密。同时，随着现代城市建设和城市综合开发的大幅度扩张，建筑设计的规模与涉及的范围也越来越大，导致了建筑与城市系统的互相渗透。在一些大城市尤其是较为开放的城市在新城区规划设计中，均加入了办公建筑及其附属设施，或以办公为主的综合体建筑组群，或称之为中央商务区即 CBD 的区域。而无论是 CBD 还是办公楼建筑都会对其所在城市，特别是对建造区域形成多方面的影响。

从我国的形势来看，对外开放进一步深化，经济高速发展，必将出现更多的办公建筑体，而它所包含的技术、文化成分也将越来越重。

1.1　办公建筑未来发展趋势

1.1.1　可持续化趋势

近代以来，人们欣喜、陶醉于工业革命的巨大成就，整个社会物质、技术以前所未知的速度迅猛发展，但这种运行完全取决于对各种能源的利用及环境的破坏。众所周知，资源是有限的，从长远的角度来看，对资源的过量开采，是不利于人类历史发展进程的。对地球及其周围资源环境的不断索取，使人们自身的生存濒临危难的困境。

当我们越来越意识到这些成为挑战的同时，"可持续发展"的概念在世界环境与发展委员会一份题为《我们共同的未来》（Our Common Future）的报告中首次被提出，它提出的背景使人们越来越意识到，"全人类只有一个地球"，而地球正变得越来越拥挤，环境在急剧地恶化，呼吁人类应有节制。于是在 1992 年 6 月 3 日联合国"环境与发展大会"上普遍接受了"可持续发展战略"，可持续发展的概念有多种表述，其中最普遍被采用的定义就是世界环境与发展委员会提出的"既满足当代人的要求，又不损害后代人满足他们需求的能力的发展。"

"可持续"被世界建筑协会定义为"满足今天需要的同时不以牺牲未来人类所需为代价。"可持续设计的典范就是自然本身。整个自然界的循环过程中没有废物产生。建筑业是个耗能大户，有大量的能源消耗于建筑物的建造、使用过程中。建筑直接或间接带来各种环境问题。据世界观察组织统计，美国的建筑消耗掉了 70％的清洁水、25％的木材，带来了 50％的 CFC 产品，消耗了 40％的能源，排放了 33％的 CO_2，从建筑废料中产生了 40％的垃圾材料。尤其现代的办公建筑更是建立在一种高能耗使用方式的基础上，恒温恒湿的中央空调，长时间的采光、照明，各类办公电器，每栋建筑数部电梯、自动扶梯等，无一不蚕食着自然界有限的资源。

由此可见，创作符合可持续发展原理的办公建筑及其内部环境是设计界的一种趋势，是人类在面临生存危机的情况下所作出的一种反应与探索。加拿大不列颠哥伦比亚大学内的亚洲研究院办公楼正是在这方面进行较为全面尝试的范例，该建筑从循环与再利用、节约能源等多方面作出的尝试均有很好的收效（图 1-1～图 1-3）。其经验对我们来说具有很好的借鉴意义。我国亦有符合可

图 1-1　亚洲研究院办公楼的轴测图

图 1-2　亚洲研究院办公楼的平面图

持续发展理论的佳例，如清华大学设计中心楼亦是一个很好的探索可持续发展的个例（图1-4）。所以，办公建筑应该广泛吸收古今中外的一切先进经验，以跟上可持续发展的步伐。

图1-3　亚洲研究院办公楼的立面图　　图1-4　清华大学设计中心楼

1.1.2　人性化趋势

办公建筑的人性化表现为办公建筑对人的各种需求的关注与反应，其表现方式主要有两种，一种为功能上的人性化，一种为意义上的人性化。最开始建筑师们在进行办公建筑内部空间设计时，并没有把人的需要（对交流的需求，对周围环境采光、自然景观等的心理、生理的需求）纳入设计中来，主要是以创造最高经济效益为目的来考虑空间的布局，并把员工作为监督管理的对象加以控制。

而随着科技的不断进步，每一次的技术革新都带来办公空间巨大的变化，人也逐渐成为办公空间中的主体。高科技带来人们对"高情感体验"的追求，使得技术革新不再是办公空间变化的全部。因此，在这种变化趋势中，我们能明显感受到人逐渐成为办公空间设计的主体，受到越来越多的重视，也逐步形成了现今办公空间中的人性化设计理念。

近几十年来，在办公建筑设计中强调人性化观点尤其受到人们的重视。例如，赫兹伯格的荷兰中央贝赫尔保险公司总部大楼，通过"人工岛"的设置来满足不同人的多样化需要，一种可解释的灵活空间表达了对人的个性的尊重

3

（图 1-5）。著名建筑师阿尔瓦·阿尔托曾经在一次讲座中说："在过去十年中，'现代建筑'的所谓功能主要是从技术的角度来考虑的，它所强调的主要是建造的经济性。这种强调当时是合乎需要的，因为要为人类建造好的房舍同满足人类其他需要相比一直是昂贵的……假如建筑可以按部就班地进行，即先从经济和技术开始，然后再满足其他较为复杂的人情需要的话，那么，纯粹是技术的功能主义，是可以被接受的；但这种可能性并不存在。建筑不仅要满足人们的一切活动，它的形成也必须是各方面同时并进的。错误不在于'现代建筑'的最初或上一阶段的合理化，而在于合理化得不够深入。现代建筑的最新研究目标是要使合理的方法突破技术范畴而进入人情与心理的领域。"在这里，阿尔托既肯定了建筑必须讲经济，又批评了只讲经济而不讲人情的"技术的功能主义"，提倡建筑设计应该同时综合解决人们的生活功能和心理感情需要。

图 1-5　荷兰中央贝赫尔保险公司总部大楼

因此，对于办公建筑而言，人性化设计应该延伸到工作者使用的各个角落，"以人为本"的思想应该贯穿设计的整个过程。

1.1.3　多元化趋势

自 20 世纪 60 年代以来，西方建筑设计领域发生了重大的变化，现代建筑的机器美学观念不断受到挑战与质疑。发展到现在，人们看到：理性与逻辑推理遭到冷遇，强调功能的原则受到冲击，而多元化的取向、多元化的价值观、多样的选择正成为一种潮流，人们提出要在多元化的趋势下，重新强调和阐述设计的基本原则。于是各种流派不断涌现，诸如现代-后现代、理性-感性、当代-传统、逻辑-模糊等。这些不同的主张，似乎每一方均有道理，孰是孰非，实难定论。因此，学者们提出了"钟摆"理论，指出钟摆只有在左右摆动时，挂钟的指针才能转动，当钟摆停在正中或一侧时，指针反而无法转动，造成停滞。

当今的办公建筑内部空间设计从整体趋势而言亦是如此，正是在不同理论的互相交流、彼此补充中走向前进，不断发展。而我们也能不断地从房地产商的炒作中听到各式各样的关于办公空间的新名词——商住、SOHO、虚拟化办公、旅馆式办公等。当然，就某一单个办公建筑的内部空间而言，还是应该根据其所处的情况而有所侧重，有所选择，形成自身的个性。

1.2　办公建筑成套施工技术研究简介

随着我国改革开放的深入发展和国民经济的健康成长，各种办公综合体建筑不断涌现。由于办公综合体建筑涉及的内容广泛，相关专业种类繁多，建筑施工技术要求标准高，甚至采用非常规的方法手段，各种具有创新意识的施工方案层出不穷，并且由于大多数大型建筑本身具有的建设特色，必须采用先进的施工技术和独特的管理措施，方能较好地完成相关工程的建设任务。

对于办公综合体建筑成套施工技术集成的研究变得迫在眉睫，将给类似工程如何高标准、高水平、高效率地完成任务，提出全方位的指导，对推进建筑施工技术的整体水平起到非常重要的作用。

1.2.1　研究目标

研究总目标：形成具有检索、复制功能的类似工程集成技术数据库和图形库，指导同类工程技术标准编制、施工组织设计和施工方案制订。

该集成数据库包括办公综合体建筑不同结构类型的单位工程施工组织设计、分部或分项工程施工方案和技术交底，并涵盖国内办公综合体建筑的主要施工技术。

数据库建成后将极大地提升办公综合体建筑技术投标方案、施工组织设计和施工方案的编制速度和编制水平，提升建设施工水平。

近几年通过对类似工程的施工，形成且总结了一套相对成熟的施工经验和理论依据，这些经验和依据将通过本工程的实施，形成成熟的办公综合体建筑成套施工技术。在项目实施过程中，运用先进的施工技术管理，加强过程控制和注重施工总结，多角度、全方位结合施工中的各个环节，抓住施工技术管理工作中存在的普遍性和特殊性认真总结。努力提高各项施工技术在各类建筑施工中的综合利用率，让施工技术全方位地为生产服务，提高建筑施工的管理水平，降低建筑施工成本。

希望达到的水平：通过本书的编写，认真提炼办公综合体建筑施工中的关键技术，完善各项施工管理，使施工技术和项目管理良好地结合。在做好本工程施工的前提下，结合以往的办公综合体建筑的施工经验，在质量、进度、科技推广和创新等方面进行总结，力争在提高大型项目整套施工技术的同时为今后同类建筑的施工提供指导性和可复制性，力争在大型项目施工技术管理和利用方面整体达到国内领先水平。

对经营的作用：任何企业的经营工作都离不开本企业的工作业绩，因此干好一个大型项目不仅可以提高本企业的技术水平，还可以提高本企业的管理能力，同时也会不断充实企业在经营过程中运作大型项目的经验，对提高企业的知名度和在同行业中的竞争能力都会有非常显著的作用，对企业今后经营工作的开展会变得更加具有现实说服力，充分体现一个企业的资金和技术实力的真实程度。因此，干好一个大型项目的施工技术管理对企业经营的作用是不可估量的。

1.2.2　主要研究内容

（1）综合研究报告：包括类似建筑工程特点、难点分析；施工部署的要点，以及主要技术的归纳研究。

（2）类似工程的建筑多媒体影音概况介绍：宣传公司业绩与实力，反映该类工程的业绩、特点、难点以及技术对策等。

（3）办公综合体建筑技术投标方案集成数据库：

1）模块化；

2）标准化；

3）可检索、复制。

（4）办公综合体建筑施工组织设计集成数据库：

1）规范化；

2）标准化；

3）可检索、复制。

（5）办公综合体建筑分项施工方案集成数据库。

（6）办公综合体建筑单项技术总结集成数据库：

1）办公综合体建筑成套施工技术集成施工组织设计及策划；

2）办公综合体建筑基坑支护施工技术；

3）办公综合体建筑基础施工技术；

4）办公综合体建筑结构安全防护技术；

5）办公综合体建筑施工用电综合技术；

6）办公综合体建筑机电安装施工技术；

7）办公综合体建筑装饰装修施工技术；

8）建筑施工信息化综合利用技术；

9）办公综合体建筑钢结构施工技术。

（7）办公综合体建筑工法集成数据库。

（8）办公综合体建筑节点图形数据库。

（9）办公综合体建筑创新施工管理总结集成数据库。

1.2.3 技术路线

本书在原办公综合体建筑施工技术方案、成果的基础上采用分类归纳、抽象概括等分析方法，提炼出办公综合体建筑设计、施工的特点，针对施工技术集成施工组织设计及策划、基坑支护施工技术、基础施工技术、结构安全防护技术、施工用电综合技术、机电安装施工技术、装饰装修施工技术、建筑施工信息化综合利用技术、钢结构施工技术等几个方面，利用数据库等信息化手段，形成一套具有检索功能、模块功能的数据资源库。

2 功能形态特征研究

2.1 办公建筑的功能

现代办公建筑里的功能越来越多，有办公室、大会议室、总务办公室、档案资料室、财务室、多媒体会议室、会客室、接待室、值班室，规模大的办公建筑还要有总机室、局域网电脑室、配电室等。

中国的办公建筑发展经历了以下四个阶段：

第一代办公建筑一般是指计划经济体制下的行政办公楼，只能满足于基本办公功能。深圳第一代办公建筑是 20 世纪 80 年代以深圳速度闻名全国的国贸大厦为代表，以及零散分布罗湖不同区域的办公建筑，如房地产大厦、联兴大厦、深业大厦、晶都金融中心等。

第二代办公建筑指的是外企进入中国，改革开放后获得开发建设的办公建筑。这批办公建筑除了满足功能需求之外，内部空间开始针对客户灵活分割，智能化水准有所提升。深圳第二代办公建筑以出现于 20 世纪 90 年代初的深圳电子科技大厦、中银大厦为代表。

第三代办公建筑在第二代的基础上开始考虑以客户的贴身需求为导向，加入绿色环保办公理念，提高舒适度，大大提高了智能化的水平。深圳第三代办公建筑以 20 世纪末的地王大厦、赛格广场和江苏大厦为典型代表。

随着中国的入世，经济全球化的到来，第三代办公建筑已经不能完全满足国际化商务办公的需要，在这种前提下，第四代办公建筑的出现就顺理成章了。所谓第四代办公建筑，即在第三代的功能基础上，强调以客户需求为中心，旨在提供低成本、高效率的商务平台，提倡人性化的沟通与交流，注重办公空间对企业文化和员工素质的培养和提高，引导智能化，强化绿色环保办公理念，从而达到国际化商务社区的标准。

和前三代办公建筑相比，第四代办公建筑具有以下几个特点：

（1）目标客户明确。第四代办公建筑瞄准各类跨国企业和外资企业以及有实力的国内大中型企业，在最大限度上满足使用者对办公舒适性和提升工作效率及效益的要求。

（2）景观要求更高。国际上许多知名 CBD 或知名办公建筑都是建在优美的自然景观附近。除了自然景观，办公建筑内的绿色景观也越来越受欢迎，有共享交流功能的楼内中庭式花园将成为日后办公建筑发展的一种趋势。

（3）更多商务空间。随着网络的普及，资源的共享成为提升工作效率的重要议题。故而办公环境的规划将突破传统的"办公室＋公共走廊"的空间模式，从封闭及注重个人隐私逐渐走向开放和互动。第四代办公建筑更大程度地提供给大家商务共享空间，使办公空间趋于模糊化，在倡导交流沟通的基础上提高工作效率，将工作融入休闲中，打造全新的办公方式。

（4）提倡绿色环保。第四代办公建筑不仅注重外部的环境景观，在内部的办公空间中也广泛引入立体绿色景观，形成健康环保的办公空间。此外，如何巧妙地将自然空气引入办公楼内也成为客户非常关心的问题。因此，目前正在规划中的大部分办公建筑都已经将内部中庭花园和新风系统融进了设计当中。

（5）高智能化。第四代办公建筑的智能化达到了相当高的程度，并要求为将来的升级换代预留充足的升级空间，达到 5A 甲级将是最低的智能化标准，包括楼宇智能化、安防智能化、办公智能化等。

以上为一般办公建筑的评定标准，伴随科技的进步和开发理念的成熟，办公建筑的标准也将不断更新。

2.2　办公建筑的特点

对于超大城市（如北京、上海、深圳），在办公物业划分时除了要考虑楼宇品质外，还要充分考虑城市交通和城市规划（CBD 布局）的因素，具体来说物业等级和等级标准可作如下的划分和界定。

1. 顶级物业（国际写字楼）

（1）楼宇品质

建筑物的物理状况和品质均是一流，建筑质量达到或超过有关建筑条例或规范的要求；建筑物具有灵活的平面布局和高使用率，达到 70% 的使用率；楼层面积大，大堂和走道宽敞，从垫高地板到悬挂顶棚的净高度不小于 2.6m。

1）装饰标准：外立面采用高档次的国际化外装修，如大理石外墙和玻璃幕墙，采用进口高标准的大理石、铝板、幕墙玻璃等材料；有宽敞的大理石大堂和走廊；公共部分的地面应为大理石、花岗石、高级地砖或铺高级地毯，墙面应为大理石或高级墙纸或高级漆，应有吊顶，电梯间应为不锈钢、大理石；卫生间安置高品质洁具等。

2）配套设施：应有配套商务、生活设施，如会议室、邮局、银行、票务中心、员工餐厅等，专用地上、地下停车场，停车位充足，满足日常生活的商店，适合商务会餐的饭店，宾馆，午间放松或娱乐设施，其他如公园、运动设施和图书馆。

3）电梯系统：良好的电梯系统，电梯设施先进，并对乘客和商品进行分区，一般每 $4000m^2$ 一部电梯，平均候梯时间 30s。

4）设备标准：应有符合设计要求的中央空调，中央空调系统高效；有楼宇自控系统；有安全报警系统；有综合布线。

（2）建筑规模

超过 $50000m^2$。

（3）客户进驻

信用等级高，资信良好的租户组合。

（4）物业服务

由经验丰富、资质齐全的公司管理，配备实用的计算机物业管理软件，实现办公物业管理计算机化，建立办公管理信息系统，并使办公物业各系统实现连通和统一的管理，24h 的维护、维修及保安服务。

（5）交通便利

位于重要地段，极佳的可接近性，临近两条以上的主干道。有多种交通工具和地铁直达。

（6）所属区位

位于主要商务区的核心区。

（7）智能化

3A～5A。

（8）开发商的背景

经验丰富并且资金雄厚，并且具有大规模房地产投资的丰富经验。

2. 高档物业（甲级写字楼）

（1）楼宇品质

建筑物的物理状况优良，建筑质量达到或超过有关建筑条例或规范的要求。

1）装饰标准：外立面采用大理石、高级面砖、铝板、幕墙玻璃等材料；有大堂，大堂地面应为大理石、花岗石、天然石材等，墙面应为大理石、花岗石或高级墙纸等材料，应有吊顶，柱应包大理石、不锈钢等材料；公共部分的地面应为大理石、花岗石、高级地砖或铺高级地毯，墙面应为高级墙纸或高级漆，应有吊顶，电梯间应有不锈钢、大理石或木门套；卫生间安置高品质洁具等。

2）配套设施：应有配套商务、生活设施，如会议室、邮局、银行、票务中心、员工餐厅等，专用地上、地下停车场，停车位充足。

3）设备标准：应有符合设计要求的中央空调；有楼宇自控系统；有安全报警系统；有综合布线。

（2）建筑规模

1 万～5 万 m²。

（3）客户进驻

信用等级高，资信良好的公司，客户大多是进行研发、技术服务、电了商务或知名品牌代理等方面的业务。

（4）物业服务

由经验丰富资、质齐全的公司进行完善的物业管理，包括 24h 的维护、维修及保安服务。

（5）交通便利

有多种交通工具直达。

（6）所属区位

位于主要商务区或副中心区。

（7）智能化

3A 及以上。

3. 中档物业（乙级写字楼）

（1）楼宇品质

建筑物的物理状况良好，建筑质量达到有关建筑条例或规范的要求；但建筑物的功能不是最先进的（有功能陈旧因素影响），有自然磨损存在，收益能力低于新落成的同类建筑物。

1）装饰标准：外立面采用面砖或瓷砖；有大堂，大堂地面为地砖，墙面为瓷砖或高级漆，有吊顶；公共部分的地面为地砖或铺中档地毯，墙面刷白；卫生间采用合资或国产中高档洁具等。

2）配套设施：有专用地上、地下停车场。

3）设备标准：有中央空调系统，无楼宇自控系统，有安全报警系统，无综合布线。

（2）建筑规模

无限制。

（3）客户进驻

客户多为国内的中小公司，从事销售代理、产品研发。

（4）物业服务

有物业公司服务。

（5）交通便利

有交通线路到达，交通较方便。

（6）所属区位

副中心或较好的城区位置。

2.3　办公建筑的形态特征

办公建筑是现代城市中心区的主要建筑类型，世界上十大高层建筑均为办公建筑，为在办公建筑内工作的"白领"创造宜人的环境，已成为建筑界的一种趋势。一般说来，办公建筑分为外环境和内环境，外环境是指建筑的外立面及其外部景观环境，内环境则是指除了外环境之外的所有内部办公建筑空间。如果说办公建筑外环境主要代表了其特性，影响着城市形象，那么其内环境则影响着人们的工作情绪和交往关系。办公建筑内环境与人们的生活关系更加紧密，它的形态方式直接影响办公质量与办公效率。当今的主流办公建筑都为十层以上的高层办公建筑，故本书将主要对高层办公建筑进行研究。

2.3.1　办公建筑内外部设计要点

1. 将高层办公建筑与城市景观相结合

（1）高层办公建筑形体的选择。设计高层办公建筑时，应尽可能地保持原有的城市结构与质地，并在此基础上进行具有时代感的创造，选择合理的建筑形体，使其与周围共同维护发展城市中固有的秩序。首先应分析建筑用地的周边环境，如自然景观和地形地貌，周边城市道路现状及发展趋向，分析现有景观的形态、走向，评价现状景观等级，判定建筑形体与此相关的外在制约条件；然后仔细研究测绘地形图，分析区域环境，考虑日照、主导风向、噪声源等因素，选择效益最好的高层办公建筑形体。

（2）正确处理建筑外部与城市交通体系的关系。为解决高层办公建筑周边的交通堵塞问题，应详细地分析用地周边的城市道路系统，对现有交通的合理性作出评定，预测新增的机动车、人行流量，最终制定出解决或缓和矛盾的设计措施，如合理设计场地出入口的位置、方向、尺度等。

（3）建筑外部空间的塑造。外部空间的设计是协调高层办公建筑与周围城市景观的有效途径，所以应根据高层办公建筑的功能特征、场地条件及城市规划部门的指标要求，合理定位外部空间的景观，并贯彻以提升区域层次及延续传统为目的的设计理念。此外，高层办公建筑外部空间应考虑一定的休闲性，可适当开辟广场、公共绿地等向社会开放，布置小品、雕塑和休憩座椅等休闲设施，对场地中有价值的物质形态实施保护，如原有古树、古井、古石、水面、土坡等，注重城市景观的连续性和流畅性。

2. 高层办公建筑的内部空间设计

（1）门厅的空间设计。高层办公建筑的门厅给来访者留下了最直接和最强烈的印象，所以应根据建筑使用特点，确定门厅的形象定位。对于开放型（如企业办公）空间应灵活、富于变化，并能反映出企业的文化内涵，且体现高效和便捷的特点。对于庄重型（如政府及公检法部门），应采用简洁、对称的方直布局，并注重空间围合感，材质上以石材表现稳定、质朴的特征。商业型（如综合类办公）的单设门厅应尽可能紧凑、简洁，合用门厅应考虑多种用途的可行性，注重流线组织与引导。

（2）办公区的空间设计。为摆脱传统的"方盒子"式办公空间模式，办公空间可分为叙述性、节点型、睦邻式和游牧式几种形式，这样可给办公空间增加标志性、灵活性、开放性，有利于激发使用者的创造性，让他们愉快地合作与交流。在办公区的空间设计中，应合理布置交通核与走廊，把握好办公室尺度，以提高平面利用率。虽然现代办公建筑中都主要采用人工照明和空调系统，但设计中从舒适度和节能的角度出发，应尽可能地改善自然采光和自然通风效果。

（3）办公辅助空间的设计。电梯设计是高层办公建筑辅助空间设计中的重要一环，其设计应满足防火规范的基本要求和使用方便的要求，根据建筑的性质、规模、标准层面积来确定电梯数量和布置位置。走廊的设计中最为重要的是通畅和便捷，但冗长、黑暗的走廊通常是不受欢迎的，可在设计中采取设置适当的转折、局部打开采光口、办公室门口适当放大等手法来减弱其呆板的视觉感受。卫生间的设计应注重合理性与舒适性，其位置宜安排在主要交通核一侧或附近，方便大家的使用，设计中应合理设置蹲位数量，既要防止数量过少带来使用不便，也应避免无谓的浪费。

3. 高层办公建筑设计中的外部造型

（1）建筑造型与在城市空间中的定位。高层办公建筑的外部造型应与城市总体格局及城市特征相符，通过对比分析城市区域环境与自身条件因素，定位建筑在环境中是以"主体"还是"客体"存在的。若是以"主体"存在，就应处于区域中的显著位置，并且有明显的高度和体量优势，成为视觉中心，并具有建筑功能上的独特性和领导性。作为"客体"建筑的外部造型应处理好高度、体量、开窗比、色彩等关系，在呼应共性的基础上反映自己的个性，与周边建筑相协调。

（2）建筑造型与建筑的内在特征。高层办公建筑不仅要注重外部造型设计的物质表现，更要注重其内在精神特征，如行政办公、科技办公等使用功能不同的办公建筑具有不同的外部形象特征。如政府或法院建筑的"门"的形象、金融建筑的古钱币符号形象、高科技建筑的"电路板"形象等，这些都采用大量的符号或物体形象来直接表达内在特征。也可以几何形状本身的表情来表达某个抽象意义，如水平线条表现出平稳与流畅，带来平和、亲切的感受；竖向线条产生一种飘逸向上的感觉，常使人联想到勃勃生机和气息；圆形表示团结、团聚、团圆；方格立面则传达出严谨、规则的秩序感等。

（3）造型设计的细部处理。高层办公建筑在考虑总体形象时，要进行足够的细部处理，以使建筑有丰富的视觉感受。高层办公建筑造型的细部重点包括建筑底部、中部和顶部三个方面。高层办公建筑的底部主要为入口和裙房，入口应与建筑总体比例相协调，并以轻巧、透明的钢-玻璃结构的雨篷替代传统的钢筋混凝土梁板结构，体现视觉上的简洁性；裙房的立面应精心处理好墙体比例尺度、材质变化及必要的外墙饰物。建筑中部是高层建筑中最大的展示面，应注重窗的细部设计，如开窗形式及比例，这些决定着建筑的总体性格。建筑顶部是构成城市天际轮廓线的参与者，必然成为人们视觉观察的另一个焦点，将建筑外部围护墙身高起，弱化机房体量，也是一种"避实就轻"的手法。

（4）此外，现代高层办公建筑还要合理选择建筑结构体系，恰当地搭配和运用建筑，在满足建筑使用功能和结构安全的基础上，提升建筑的外部形象，体现其特定的内在精神特征。

2.3.2 高层办公建筑的结构造型设计

高层办公建筑已逐渐形成了成熟而独立的发展体系，人们不再满足于既有的形式，总是对建筑师的创造性寄予更高的厚望，同时，项目设计权的竞争也激发了建筑师绞尽脑汁地去构想，尽可能地出奇制胜。对于建筑结构设计的创新是永远不会停止的，人们对高层办公建筑的新类型、新形式的追求也是永不满足的，会尝试更多更好的解决方法。因此，建筑师永远在寻求新的设计方法、新的建筑形式，以求捕捉时代精神。

1. 高层办公建筑的外部结构造型设计

高层办公建筑外观传统设计由三个部分组成——裙房、主体和顶部，也有些建筑在设计中加入了活跃元素，以使整栋建筑结构造型生动活泼起来。一个造型美观的高层办公建筑是建立在很好地处理了这几个部分之间的尺度关系基础上的，而这三个部分尺度的确定，应有一个统一的尺度参考系（如把建筑的一层或几层的高度作为参考系），不能每一个部分的尺度参考系都不同，这样易使整个建筑含糊、难以把握。各部分细部尺度的划分是建立在整体尺度的基础上的，各个主要部分应有更细的划分，尺度具有等级性，才能使各个部分造型构成丰富。尺度等级最高部分为高层建筑结构的某一整个部分（裙房、主体和顶部），最低部分通常采用层高、开间、窗户、阳台等这些为人们所熟知的尺寸，使人们观察该建筑时很容易把握该部分的尺度大小。一般在最高和最低等级之间还有 1~2 个尺度等级，也不宜过多，太多易使建筑造型复杂而难以把握。"造型优美"的丰富内涵也包括一定的审美因素：比例与尺度、对比与均衡、韵律与节奏等视觉形象的和谐。

（1）外部设计常用技术手法

现代高层办公建筑的外皮：开工新建筑填充墙多为各种混凝土砌块。就外立面的装饰来说，多数高层办公楼建筑采用涂料或瓷砖贴面，档次较高、规模较大的建筑物常采用幕墙作为围护和外部装饰；就选材来说，幕墙形式包括石材、玻璃、金属等，或是几种材料综合应用的混合幕墙。

外窗：出于景观和采光的需要，公建的开窗面积较大。高层办公建筑采用较多的有塑钢窗、铝合金窗、彩钢窗等，或在幕墙中设置开窗，少数超高层办公楼为阻隔外界影响，幕墙上不设可开启的窗。

屋顶：作为建筑的"第五立面"，屋顶作用越来越受到重视，特别在高层办公建筑中更是如此。目前常见的是屋面设置屋顶绿化等做法。突出、强调建筑物的竖向线条是当代高层办公建筑常采用的设计手法，它能使建筑物产生一种飘逸而上的感觉，一种直抒胸臆的情怀，常常使人联想到勃勃的生机和气息。在繁华喧杂的建筑群中，以平面整体性为主基调，在平整外形的基础上再追求某些线条、门窗的变化，使建筑物脱颖而出，给人一种清朗、简朴的造型，表达一种大度、高尚的意境。

棱柱形建筑多用于高层和超高层设计，棱柱形建筑有许多种，有的在棱柱形的外部作线形的现代风格处理，形成柔和的味道，有的则在复杂的实体外表增加浅浅的锯齿形式。我国香港中银大厦是一种组合的棱柱形建筑，其构成元素是三棱柱，著名华裔建筑大师贝聿铭从民间谚语"芝麻开花节节高"中得到启发，使建筑体现了某种隐喻，表达了人们追求步步高的美好愿望。

（2）建筑的入口

建筑的入口如同人的脸部一样重要，是总体形象极为重要的部位，也是人们对建筑产生的第一印象。人们往往会留意该入口与建筑总体比例是否合理、协调。因此，建筑师应精心考虑建筑入口，其对塑造建筑形象非常重要。在法国电力公司总部大厦的底部，一个直径 20m 的大圆雨篷创造出了一个聚集空间。游客可以停下来，在这个不锈钢和玻璃构成的巨大空间下欣赏德方斯到凯旋门的景观。

（3）建筑物的顶部

建筑物的顶部是建筑造型的一个重要组成部分，也是最有影响力的部分。正如一个人的头部，是整幢建筑物的灵魂，能够表达建筑物的风格、精神，是设计构思的精华所在。美国建筑师沙利文说"形式追随功能"，高层办公建筑顶部造型通常与屋顶水箱、电梯机房综合考虑。20 世纪后期，我国高层办公建筑顶部设计有两种潮流。一种是在顶部加设小亭子或借鉴其他中国传统建筑元素。既有处理得好的，也有处理得不好的；另一种是模仿国外设计，流行过"欧陆风"等。

顶部设计是建筑师常感棘手的问题，顶部设计处理不当，会出现功亏一篑的遗憾。建筑师常常为建筑的"帽子"而苦思冥想，都喜欢为建筑戴上一顶"帽子"，实际上笔者认为应根据建筑的位置、空间环境、建筑造型特性来考虑顶部"帽子"的设计，有的建筑简洁、平整的立面顶部没有"帽子"往往效果会更好。

2. 结构选型及设计

（1）体形分类

高层办公建筑体形可归为板式与塔式两类。高层建筑的关键在于水平荷载，找到能有效地抗倾力的新结构体系。办公楼结构设计，首先要保证平常或紧急（地震、台风、火灾和积雪等）情况下建筑物的安全性，追求其经济性及缩短工期等，这是对建筑整体的共同要求，同时还必须抓住确保办公楼的使用功能的特殊要点。其次，结构设计往往和建筑设计、设备设计及施工设计有着密不可分的关系，因此在进行结构设计时，就必须考虑与其他设计间的整合性。所以，在设计的最初阶段，就要同其他设计之间相互协调，密切配合。

（2）结构设计主要要点（表 2-1）

结构设计主要要点 表 2-1

项目		要点
跨度	开间方向	根据办公室的模数设定，一般跨度为 6～7.8m
	进深方向	根据办公室进深来设定，多采用 12～18m，但由于结构种类的不同，跨度需重点设定
楼层数	适用范围	由于结构种类不同，功能要求也不同，需重点设定
抗震性能	性能设定	以抗震等级的具体要求为依据，考虑提高抗震措施及减震手段
办公室地面荷载	根据建筑的基本要求	规定楼板设计强度为 300kg/m²

对于高层及超高层建筑的划分，建筑设计规范、建筑抗震设计规范、建筑防火设计规范都没有统一规定，一般认为建筑总高度超过 24m 为高层建筑，建筑总高度超过 60m 为超高层建筑。

（3）结构体系选型

对于结构设计来讲，按照建筑使用功能的要求、建筑高度的不同以及拟建场地的地震烈度，以经济、合理、安全、可靠的设计原则，选择相应的结构体系，一般分为六大类：框架结构体系、剪力墙结构体系、框架-剪力墙结构体系、框筒结构体系、筒中筒结构体系、束筒结构体系。高层和超高层建筑在结构设计中除采用钢筋混凝土结构（RC）外，还采用钢材与混凝土共同组成的混合结构，如型钢混凝土结构（SRC）、钢管混凝土结构（CFS）和全钢结构（S 或 SS）。

2.3.3 办公楼形态展示

1. 外部形态

办公建筑外部形态，体现了一个企业或业主的精神面貌和工作品质（图 2-1～图 2-8）。

图 2-1　央视大楼

图 2-2　富力盈凯

图 2-3　厦门海关大楼

图 2-4　泉商大厦

图 2-5　四川广电中心

图 2-6　成都华亚集团

图 2-7　融智大厦

图 2-8　舟山新城港航大厦

2. 内部形态

现代办公建筑多为高层建筑，高层建筑空间注重竖向设计、纵向扩张，水平方向功能布局紧凑，为了提高平面的使用效率，供人们休憩交往的公共空间相对较小或者不单独设置。对于高层办公建筑的使用者来说，每天在办公楼内工作的时间至少要 7~8h，由于缺乏自然元素及交往空间的调节，长时间伏案埋首于文件、报告当中，人们极易产生疲劳感和压抑感。

因此，越来越多的办公建筑在其中增加了公共交往空间的设计，并引入自然景观要素，作为休息、交往、观赏、娱乐等活动的中心场所，可以给久居高空、脱离自然、生活工作在水泥森林中的人们一些大自然的亲切感。

3. 高层办公建筑内部公共空间设计的原则

高层建筑作为一种以节地、标志性强为优势的建筑形式，在高效运营的状态下，应综合考虑人们的心理和生理因素，满足人们不同层次的需求。即不仅要完善其使用功能，更应该提供一种潜在的功能，满足人们在与自然界长期相处中形成的共同需求——塑造人性化的空间环境。

首先，应根据设计任务、建筑使用性质以及资金投入等要求，在建筑内部的不同部位设置开敞或半开敞的公共开间，以供处在不同层高的人群使用。

其次，竖向不同高度的使用者可以在本层积极设置小尺度的交往空间，以缩小资源共享的半径。

最后，公共空间的设计应结合建筑使用性质及地域气候特征，根据人的心理及生理需求适当设定，并遵循一定的设计原则。

（1）便捷性。具有良好的可达性，与其他的功能房间联系方便，同时不同的人流不会产生交叉干扰。

（2）停留性。根据人们的行为特点，增加适量的辅助设施，如座椅、报刊架、咖啡吧，使之适宜人们停留。并对座椅进行灵活性的组合，为人们提供不同形式的可以短暂休憩、交谈的空间。

（3）共享性。一个简单的门厅或者中厅并非共享空间，真正的共享空间是多元共存、互相渗透的复合空间。应将各种功能活动有机地组织在一起，使建筑内部的各种人群都能感到舒适、亲切。比如改造门厅、大堂，使其除满足作为一个室内外的过渡空间的需求外，还增加一定的服务内容，比如咖啡吧、茶座等，以吸引人气。对尺度、色彩进行设计，使之适应人们的视觉及心理需求。

4. 高层办公建筑内部公共空间的类型及形态分析

高层办公建筑内部公共空间主要指建筑内部开放或半开放的为大家共同拥有和使用的空间。主要包括门厅等底部入口空间（图 2-9）、贯通上下的中庭空间（图 2-10）以及交通廊道等。根据内部公共空间与建筑主体的关系，可将之分为底部式、中庭式、顶部式及内置式。

图 2-9　魁北克 IBM 总部底部空间　　　　　图 2-10　香港汇丰银行中庭

（1）底部式

主要是指高层办公建筑裙房部分与入口空间结合的门厅、大堂等底部开放空间，该空间介于室内外之间，属于缓冲空间，具有公共和半公共性的特征，适宜进行等待及交往活动，可分为单体高层建筑底部公共空间和群体高层建筑底部公共空间两种类型。

1）单体高层建筑底部公共空间

常见于底部扩大的入口空间或由高层建筑底部裙楼包围的贯通高层建筑底部 3～5 层的空间，设计将一些室外城市生活的内容，如观赏、休憩、散步、交谈、喝咖啡等活动带入了室内，对于内部使用者与外来人员说是置于室内的室外城市广场。在空间尺度、光线环境与物质生活内容等方面充满了内外空间的交融与渗透，既满足了内部人员的公共交往空间需求，又为外来人员提供了一个休憩、等候的空间（图 2-11）。

图 2-11　福特基金会大楼及中庭

此类公共空间设计中往往将门厅空间扩大，建筑底部的几层通高，常见于十几层的高层办公建筑，其高度适中，中庭的高宽比尺度宜人，使用者无论在什么高度都可共享厅内的资源，均好性强。

2）群体高层建筑底部公共空间

在一些高层建筑组群中常以一个公共活动中心将高层大楼的底部连接成一个整体。公共活动中心多为一个巨大的中庭或者室内步行商业街道，它既是人们购物、休闲、交往的场所，又有组织内部空间流线、连接各栋建筑的作用。

日本横滨皇后广场以一条长达 300m 的立体化步行街将 3 幢高层办公大楼、1 幢旅馆等连成一体，步行街一侧设有地下 3 层、地上 5 层的巨大中庭，新建的地铁站在这里交会（图 2-12、图 2-13）。立体化的内部空间为使用者提供了休闲娱乐的场地。此类公共空间一般作为建筑空间与城市空间的接合部，甚至作为城市交通的枢纽站，除非特殊时段，在高层中的工作者对此的使用率较低。

图 2-12 横滨皇后广场外景　　　　　　　图 2-13 横滨皇后广场中庭

（2）中庭式

随着技术的发展，核心筒的分散使得其内部空间构成模式发生了变化，为公共空间的增加提供了可能性。在高层办公建筑中心部位插入一个或在不同区域插入数个封闭或开敞的中庭，可显著增加其内部的公共交往空间的面积，同时内部空间变为上下流动的动态可视空间，也提高了公共交往活动发生的概率。

1）贯通主体式

在通常布置内核的位置设计一个与建筑通高的中庭，围绕中庭布置休闲设施。如山东济南的鲁能中心，在平面的中心位置设置一个上下贯通的光庭，垂直交通核设置在光庭的一侧，中厅与垂直交通设备结合成为建筑内部的核心，为标准层所环绕的向心性空间。另有透明的玻璃景观电梯布置在光庭之中，使乘坐电梯的人可以与环境对话，看到休息走廊中的情景，彻底改变了以往高层办公建筑内那种昏暗的通道和电梯带给人们的压抑感，使人流动线可视化，增加了空间情趣。

此类共享空间的特质主要包含在以下几个方面：向心性——被多层标准层环绕；公共性——为人的社交活动或者休闲娱乐提供一定的场所；自然性——玻璃天窗或侧窗引入室外的天然光线，将自然要素引入室内，如植物、水景、山石等。

2）分散式

一些中庭式内部公共空间的设计不拘泥于建筑主体的某一部分，而是综合了各种因素分散在建筑主体的某些部位，除为使用者提供舒适的有利于交往与休憩的共享空间，还应满足一定的生态效应。

随着建筑高度的增加，在建筑的垂直向度便产生了空中的地面，作为高层使用人员的活动区域，一方面丰富了建筑的内部空间，另一方面为使用者创造了更多的公共开放空间，比如顶部式和其他形式。

（3）顶部式

超高层办公建筑中分区换乘的空中大厅作为垂直交通的转换枢纽，可与电梯厅结合在一起设计，构成一个交通转换顺畅，并能容纳多种功能的休息、交往场所。空中大厅在设计手法上可以参考地面层门厅，风格上也应注意两者的统一，以增强空间的明晰性，便于使用者的认知。比如综合布置一些公共性强的物质功能，引入自然景观要素，像建筑底部的公共空间一样，同样可作为高空中的人们休憩、交往、观赏、娱乐等活动的公共场所。

空中公共空间由于空间位置的升高以及所服务的人群数量的大幅减少，因此在规模、尺度及内容布置上明显小于地面公共空间。

（4）内置式

底部式、贯通主体式和顶部式的共同点除了其物质元素与陈设内容相近外，另外一个共性是强调资源为楼宇内部的所有或者部分工作者共享，使用者可以乘坐电梯方便、快捷地到达此类活动区域。对于忙碌的工作人员来说，距离工作空间一定服务半径内设置的活动空间，舒适度更强。在一个大的办公空间内分割出的公共交往空间我们可以称作"内置式"，由于嵌套在办公空间周围，利用频率更高。在一些商务性高层办公建筑内部，由于是不同公司分层办公，公司针对企业性质，自己设计布置富有特色的公共交往空间，改善了室内的办公环境，激发了员工的活力。内置式公共交往空间可以分为入口门厅、休闲吧以及会议室等，各具特色，比如上海豪张思建筑设计有限公司（HZS）积极创造了此类公共空间，深得员工喜爱（图 2-14～图 2-17）。

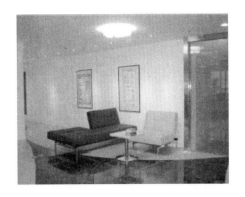

图 2-14　公司入口门厅

图 2-15　公司休闲吧

图 2-16　公司大会议室

图 2-17　公司讨论室

此类内置式的公共空间不依赖于内部结构，只需将内部开敞办公空间进行适宜性分割，留出特定的区域布置一些休憩设施，以满足本层使用者的交往需求。在内核式的高层办公建筑内部采用此类平层处理手法，可以显著增加公共交往空间面积，激发工作活力，是较为人性化的处理方式。

2.4　办公建筑施工重、难点分析

在办公楼建筑施工设备方面，我们充分提高现存设备的使用功能，进行大型钢结构吊装，其他方面的设备，如办公综合体建筑超高泵送系统设备、超长大型钢结构的运输吊装设备、大体积混凝土制作运输设备以及预应力施工设备等，形成了一定的办公综合体建筑施工机械设备实力，对提高工程施工质量、加快施工速度和提高施工效率起到了重要的作用。

在办公楼建筑施工工艺方面，我们已经形成了多套优势技术，如顶模施工技术、高强高性能混凝土施工技术、超高泵送施工技术、大体积混凝土施工技术、地下室内防水施工技术、地下室逆作法施工技术、超大超重钢结构构件制作安装技术等，在办公综合体建筑智能化系统集成应用方案与施工技术等方面也有了突破性的进展，形成了自身特有的专利。

在办公楼建筑施工总承包管理方面，我们形成了工程专业总承包模式，并充分利用电子计算机及现代化先进手段进行科学管理，自行开发研制了项目管理信息系统软件，建立了办公综合体建筑建设施工技术数据库，并制定了一系列有效的管理措施和政策。

我们在办公楼建筑施工方面，无论从工程数量还是施工规模以及施工技术水平，在国际上均处于先进水平，尤其在国内建筑业一直探索研究的高强高性能混凝土施工技术、钢管混凝土施工技术、低点位长行程顶模施工技术、清水混凝土施工技术、大体积混凝土施工技术、大悬臂和钢结构施工技术、办公综合体建筑智能化集成应用方案与施工技术以及办公建筑施工总承包管理等方面，组织若干攻关课题组，进行科技攻关，取得多项突破性成果，其中一些技术在国际上处于领先水平。

虽然我们在办公楼建筑施工方面积累了丰富的经验，施工水平不断提高，但一直没有对综合施工技术进行研究和探讨，更没有对施工技术进行全面、有机的集成，因此编写本书，在总结的基础上形成办公楼建筑施工综合技术，指导未来办公楼建筑建设施工是十分必要的。

施工重、难点列表见表2-2。

施工重、难点列表　　　　　　　　　表 2-2

序号	施工特点分析	施工重、难点	重、难点对策
1	基坑深，且周边环境复杂，存在多种支护形式并存的现象	1) 优化支护设计。 2) 与基坑周边结构的衔接	1) 针对不同情况进行不同支护形式和施工工艺的选择，在保证边坡稳定的基础上避免对周边结构的影响。 2) 合理安排周边结构穿插施工时间，保证场内施工不间断，使场外已有设施使用功能不受影响
2	主楼高。 钢构件尺寸较大、重量重、数量多。 核心筒墙体厚，墙体内有劲性钢板	1) 塔式起重机选择与布置。 2) 钢结构的分节、制作与安装工艺。 3) 核心筒顶模工艺及与钢结构的工序穿插控制	1) 选择先进的大型自爬升塔式起重机，根据吊装工况，对称布置，保证现场吊运性能，方便现场吊装安排。 2) 根据塔式起重机性能、结构特点及加工工艺要求进行钢结构的最优分节，分节兼顾工厂加工、场外运输及现场安装。 3) 尽量选用模板顶升系统，保证核心筒混凝土结构施工快速、安全并便于保证质量
3	主楼与周边结构施工穿插时间长，施工场地复杂多变	1) 主楼周边结构施工部署安排。 2) 平面布置动态调整	以保证主楼连续施工为原则，优化非主楼区域的施工部署安排和整个场地的平面动态调整
4	沿竖向多个工作面立体交叉施工，垂直运输量大	1) 施工电梯配置与规划。 2) 正式电梯提前使用规划。 3) 专业工程穿插时间控制	1) 设置通道塔，配置足量运输能力较强的施工电梯，满足各工作面运输需求。 2) 选择部分正式电梯在各竖向分段内装饰施工后期投入使用，辅助施工。 3) 各专业安排竖向分区插入、分区完成的大流水施工，减少同时作业的工作面和工作量，均衡运输峰值。 4) 配置通道塔和周转接驳电梯，保证各工作面大面的提前插入，减少预留工作内容
5	混凝土强度等级高，泵送高度高、方量大	1) 高强混凝土配比设计。 2) 高层泵送设备选择及泵送系统设置。 3) 高层泵送工艺控制	1) 结合市场材料供应情况，配制工作性能良好的高性能混凝土，保证混凝土泵送施工顺利。 2) 选用高压输送泵及成套泵送系统，保证工作压力及系统稳定。 3) 根据以往高层泵送成功经验及相关经验数据，对泵送启动、泵送过程及洗管工艺进行详细规划及过程优化，并制订相应的防堵管措施，保证现场泵送顺利

序号	施工特点分析	施工重难点	重难点对策
6	避难层特殊结构尺寸大、单件重、节点复杂，且与混凝土核心筒交叉施工	1）桁架分节、拼装、吊装与高空焊接工艺控制。2）桁架安装与核心筒施工工序协调	1）综合考虑加工、运输、吊装进行超重节点的分节，尽量减少现场焊接，保证施工进度与质量。2）综合考虑桁架节点吊装空间及操作安全需求，保证土建及钢结构各工序施工顺利进行
7	高层测量精度要求高	1）测量传递控制。2）末端测量方法。3）监测跟进复核	1）设置一套主控网同时控制内外筒测量作业，避免内外筒测量误差。2）设置第二套独立复核控制网，逐层跟进复核测量精度。3）结合监测及虚拟仿真验算，复核主控网的精度并指导压缩、沉降等变形调整
8	专业穿插多，总包管理工作内容烦琐，协调工作量大	1）全面涵盖全部工作内容的总包体系。2）总分包点对点的直接管理工作流程。3）信息化管理措施	1）发挥成熟的高层管理经验，建立全面的组织架构及管理体系。2）细化各项管理工作流程，并明确具体人员岗位分工，避免工作盲区。3）采用已成功运用的信息化管理措施
9	主楼高，工作面多、分布广，安全、消防体系庞大	1）安全防护体系配备。2）消防体系配备	1）根据施工部署，综合分析各工作面临边、洞口、动火、机械使用、用电等施工作业的安全需求，并针对性地布置完善、有效的安全防护设施。2）针对模板、塔式起重机等特殊工艺或设备，专项设置完善的自身安全性能保证措施及使用安全保证措施
10	主楼压缩、沉降等变形带来施工过程控制复杂	1）整体压缩变形引起实际完成结构尺寸变化。2）装饰、幕墙、机电等专业理论定位与实际定位偏差	1）进行整体工况虚拟仿真验算，计算施工过程中各工况下各构件内力及变形情况。2）根据计算结果在施工过程中对相关构件进行预调。3）结合仿真验算结果及现场实测数据进行各专业深化设计

2.5　办公建筑工程简介

办公建筑工程简介见表2-3、表2-4。

国内项目

表 2-3

工程名称	建设单位	设计单位	合同价格（人民币）	结构类型	质量等级及奖项	建筑面积/层数	地点	开工时间	竣工时间	项目特征说明
广州珠江新城西塔项目基坑支护与主体工程	广州越秀城建国际金融中心有限公司	华南理工大学建筑设计研究院	112309.14 万元	钢结构核心筒	鲁班奖	448000m²/地上 103 层、地下 4 层	广州	2007 年 4 月	2012 年 8 月	建筑高度 440.75m
重庆环球金融中心	重庆华迅地产发展有限公司	重庆市设计院	100000 万元	钢结构核心筒	优良	204700m²/地上 72 层、地下 4 层	重庆	2010 年	2014 年 12 月	建筑高度 339m
京基 100（京基金融中心）	京基集团	TFP	500000 万元	钢结构核心筒	鲁班奖	602401.75m²/地上 100 层、地下 4 层	深圳	2007 年 11 月	2011 年 4 月	建筑高度 441.8m
中央电视台新台址	中央电视台新台址建设工程办公室	荷兰大都会建筑事务所、奥雅纳工程顾问公司	465100 万元	主楼地下室为钢混和钢骨混凝土结构，地上为钢框架结构	优良		北京	2005 年 2 月	2009 年 12 月	最高建筑约 234m
上海二十一世纪中心大厦	上海二十一世纪房地产有限公司	上海建筑设计研究院有限公司	75000 万元	钢框架、混凝土核心筒	金刚奖	100000m²	上海	2007 年 3 月	2009 年 2 月	建筑高度 211m

续表

工程名称	建设单位	设计单位	合同价格（人民币）	结构类型	质量等级及奖项	建筑面积/层数	地点	开工时间	竣工时间	项目特征说明
大上海会德丰广场	上海会德丰广场发展有限公司	华东建筑设计研究院有限公司	93000万元	内筒外框架	优良	114075m²/地上55层，地下3层	上海	2006年2月	2008年12月	室外地面至屋顶高度为263.214m（到玻璃屋顶造型270.48m）
上海环球金融中心	上海环球金融中心有限公司	上海现代建筑设计（集团）有限公司、华东建筑设计研究院有限公司	386300万元	钢筋混凝土结构、钢结构	白玉兰	381600m²/地上101层，地下3层	上海	2004年11月	2008年10月	建筑主体高度492m
上海黄金置地大厦	上海黄金置地有限公司	华东建筑设计研究院有限公司	16693万元	钢结构	优良	98563m²/地上41层	上海	—	—	施工用时780d
广州科学城综合研发孵化区A5组团A5标土建、水、电及周边配套工程	广州开发区土地开发中心	—	11395万元	框剪	优良	42530m²	广州	2005年	2008年	—

续表

工程名称	建设单位	设计单位	合同价格（人民币）	结构类型	质量等级及奖项	建筑面积/层数	地点	开工时间	竣工时间	项目特征说明
居然大厦	北京居然之家投资控股集团有限公司	北京中天王董国际工程设计顾问有限公司	19198 万元	框剪	优良	59187m²/地上17层、地下3层	北京	2006 年 7 月	2007 年 11 月	—
北京华贸中心写字楼（二期）	北京国华置业有限公司	KPF、华东建筑设计研究院	29958 万元	框架	优良	87935m²/36层	北京	2005 年 7 月	2007 年 8 月	楼高 167.3m
光华世贸中心	北京龙泽源置业有限公司	北京市建筑设计研究院	20649 万元	框架	结构长城杯	99615m²/地上24层、地下4层	北京	2005 年 11 月	2007 年 11 月	—
北京拜耳医药保健有限公司合扩建工程	北京拜耳医药保健有限公司	中国电子工程设计院	5721 万元	框架	合格	7528m²	北京	2005 年 10 月	2007 年 9 月	—
韩国使馆新建工程	韩国政府	建研建筑设计研究院	3590 万元	框架	优良	30417m²/地上5层、地下1层	北京	2004 年 2 月	2006 年 1 月	—
欧洲广场 3～5 号楼	北京富然大厦有限公司	中国建筑科学研究院	35074 万元	框架	优良	137371m²	北京	2004 年 9 月	2006 年 6 月	—

续表

工程名称	建设单位	设计单位	合同价格（人民币）	结构类型	质量等级及奖项	建筑面积/层数	地点	开工时间	竣工时间	项目特征说明
广州锦城大厦办公楼	广州新越房地产开发有限公司	华南理工大学建筑设计研究院	2361万元	框架	优良	32859m²	广州	2005年	2007年	—
广州瑞安中心办公楼	广州瑞榕有限公司	广州珠汇外资建筑设计院	8846万元	框架	优良	71410m²/46层	广州	2005年	2007年	—
北京凯晨广场工程	北京凯晨置业有限公司	SOM，北京市建筑设计研究院	57908万元	框筒、钢结构	钢结构金奖	194000m²	北京	2004年10月	2006年12月	—
北京新保利大厦	北京新保利大厦房地产开发有限公司	SOM，北京特种工程设计研究院	60580万元	钢框架钢筋混凝土筒体混合结构	鲁班奖	109900m²/23层	北京	2003年5月	2006年10月	2008年"北京十大建筑"
东四D1区海洋石油办公楼项目	北京中海油房地产有限公司	中国建筑设计研究院	40560万元	框筒、钢结构	国优银奖	96340m²	北京	2003年12月	2006年4月	—
中国科学院电子学研究所科研综合楼	中国科学院电子学研究所	中科建筑设计研究院有限责任公司	8131万元	框剪	优良	24124m²/12~15层	北京	2004年8月	2006年6月	楼高65.55m
中山市文化艺术中心工程	中山市文化局	中建国际（深圳）设计顾问有限公司	31000万元	框架	鲁班奖	47368m²	中山	2003年8月	2005年11月	—

国外项目 表 2-4

工程名称	地点	完工时间	工程概况	合同额（万美元）	质量等级及奖项
曼谷市政府新办公楼二期	泰国曼谷	2008 年 12 月	建筑面积 56000m²、37 层	3014	合格
共和理工学院	新加坡	2006 年 9 月	—	22600	优良
迪拜 AL Hikma Tower 大厦	迪拜	2011 年 4 月	建筑面积 57600m²、地上 61 层、地下 3 层	10218	优良
卡塔尔多哈高层办公楼	卡塔尔多哈	—	建筑面积 113000m²、235m、45 层	11700	优良
俄罗斯联邦大厦	莫斯科	2007 年 9 月	建筑面积 37 万 m²、A 座 87 层、B 座 53 层、钢混结构、340m	53000	优良

2.6 部分办公楼建筑展示

1. 上海环球金融中心

上海环球金融中心是以日本森大厦株式会社为主体，联合日本、美国等其他 40 多家企业投资兴建的以办公为主，集商贸、宾馆、观光、会议等设施于一体的综合型大厦。该工程地块面积 3 万 m²，总建筑面积 381600m²，地下 3 层，地上 101 层，建筑主体高度 492m。该大厦 94～101 层为观光层，79～93 层为超 5 星级豪华酒店，7～77 层为写字楼，3～5 层为会议室，地上 2～3 层为商业设施，地下 3～地下 1 层规划约 1100 个停车位。最引人注目的是，在 100 层、距地面 472m 处设计了长度约为 55m 的观光天阁，这一高度超过世界最高观光厅、高度为 447m 的加拿大 CN 电视塔。此外，在 94 层还设计了面积为 700m²、室内净高 8m 的观光大厅。以上海的都市全景为背景，观光天阁和观光大厅成为世界新的观光景点（图 2-18）。

图 2-18　上海环球金融中心

2. 上海会德丰广场

上海会德丰广场位于上海市的中心——静安区南京西路 1717 号批租地块，占地面积为 12675m²，包含一座高 270.48m、55 层（未含 3 层钢结构）的甲级办公大楼及 4 层高的商业裙房，分别坐落在基地的北侧和西南侧。主塔楼以办公为主，西南面商业裙房楼高 4 层，以餐饮为主，一层为餐饮及咖啡馆，二层为餐厅，中央设中庭花园贯通 1～2 层；北面亦设 4 层高的商业裙房。议标文件工期为 1100d，建设工期为 1050d。

该工程建筑面积为 114075m²，室外地面至屋顶高度为 263.214m（至玻璃屋顶造型 270.48m）。地下 3 层（未含一层夹层），地下三层至地下一层（地下车库）的层高分别为 3.7m、3.7m、3.35m。地下夹层（自行车库）层高为 5.09m。塔楼地上为 55 层（未含 3 层钢结构），首层层高为 7m，标准层层高为 4.42m，避难层层高为 4.42m。南、北裙房为 2～4 层，北裙房建筑高度为 22.8m，一至四层层高分别为 6.45m、6m、5.5m、5.3m。南裙房建筑高度为 13.15m。

上海会德丰广场深达 20m 的基坑，紧贴运营中的地铁 2 号线区间隧道（基坑地墙离区间隧道仅为 5.4m），南侧又临城市主干道——上海延安西路高架（图 2-19）。

图 2-19　上海会德丰广场

3. 中央电视台新台址

中央电视台新台址位于北京市朝阳区东三环中路 32 号，在北京市中央商务区（CBD）规划范围内，用地面积总计 187000m²，总建筑面积约 55 万 m²，最高建筑约 234m，工程建安总投资约 50 亿元人民币。该方案由世界著名建筑设计大师雷姆·库哈斯和奥勒·舍仁担任主建筑师，荷兰大都会建筑事务所负责设计，并与奥雅纳工程顾问公司合作完成。

中央电视台新台址主楼主要分为行政管理区、综合业务区、新闻制播区、播送区和节目制作区五个区域，两个塔楼从一个共同的平台升起，在上部汇合，形成三维体验，突破了摩天楼常规的竖向特征的表现。复杂的功能包容在内部紧密连接的环路中，体现一个相互合作、相互依存的链条以及自身组织的有序和协调。迁入新台址不仅将为中央电视台带来空间的位移和环境的改善，更为其与世界级电视传媒全面接轨搭建起新的平台，营造又一次大发展的契机，保持中央电视台的可持续发展（图 2-20）。

图 2-20　中央电视台新台址大楼

4. 京基 100（京基金融中心）

京基 100 城市综合体项目位于深圳市罗湖区，总用地面积 42353.96m²，其中建设用地 35990.16m²，总建筑面积 602401.75m²，由京基 100 大厦及 7 栋回迁安置楼构成，总投资近 50 亿元。建筑结构为钢框架、混凝土核心筒。该项目位于罗湖区蔡屋围金融中心区内，涵盖全市 74% 的银行机构、80% 的保险机构和 40% 的证券机构，集中了全市 60% 的金融资产、90% 的外资银行，区域价值得天独厚(图 2-21)。

图 2-21　京基 100 城市综合体

5. 贵阳花果园 D 区双子塔项目

贵阳花果园 D 区双子塔项目为贵阳宏益房地产开发有限公司投资兴建，奥雅纳工程顾问公司和梁黄顾建筑事务所设计。贵阳花果园 D 区双子塔项目位于贵阳市南明区，整个工程总建筑面积为 786131.5m²，占地 6.7 万 m²，分两期施工。其中一期双塔占地 37243.7m²。双塔建筑面积，地上 332075.75m²，一期地下 132877.46m²。东西两栋结构高度 334.35m，天线顶部高度为 406m。单栋塔楼建筑面积约 16.5 万 m²，地上 65 层，地下 5 层，主要功能为写字楼和酒店。二期裙房与塔楼相连，地上 6 层，地下 5 层，建筑面积共计约 32 万 m²，主要功能为商铺和停车场。该工程是一个集五星级酒店、甲级办公楼、高档商业等于一体的城市新地标综合体（图 2-22）。

图 2-22 贵阳花果园 D 区双子塔

6. 上海二十一世纪中心大厦

上海二十一世纪中心大厦工程位于上海环球金融中心东侧，建筑面积约 10 万 m^2，是美国汉斯公司管理的在上海地区的重点项目，是包括四季酒店在内，集高档宾馆、写字楼和服务式公寓于一体的陆家嘴地区的又一地标性建筑。

该项目中标合同额约 7.5 亿元人民币，工程包括混凝土结构、钢结构、机电设备采购与安装、幕墙和装修等（图 2-23）。

7. 大连期货大厦

大连期货大厦总高度 242.8m，总建筑面积 211359m^2，其中地上 107739m^2，地下 103620m^2；地上 53 层，地下 3 层；地上高度 232m 左右。为目前东北高度最高、体量最大的建筑。内部剪力墙核心筒,外部钢结构框架,全玻璃幕墙体系。地上为国际标准的甲级写字楼,地下为设备用房及停车场等(图2-24)。

图 2-23 上海二十一世纪中心大厦

图 2-24 大连期货大厦

8. 广州珠江新城西塔项目

广州珠江新城西塔项目(图2-25)由广州市城市建设开发有限公司、广州市城建开发集团有限公司共同组建项目公司进行开发建设，为广州市重点工程项目。作为珠江新城"超高双塔"姊妹塔之一率先启动建设。该工程位于广州新城市中轴线上，东邻珠江大道西，北邻花城大道，南邻花城南路，西近华夏路。总投资 60 亿元。建设用地面积 31084.96m²，以高级写字楼为主，裙楼配套商业、餐饮、娱乐、文化、国际会议等功能。结构体系为斜交网格柱外筒＋内框架斜撑体系。

图 2-25　广州珠江新城西塔

9. 重庆市渝中区龙桥片区 B11-1/2 地块一期项目

嘉陵帆影·国际经贸中心由三座塔楼和一座裙楼组成，该建筑群中最高的塔楼高度为 468m，不仅超越著名的"台北 101"，也超越了马来西亚双子塔、上海金贸大厦等现有国际知名的超高层建筑。

嘉陵帆影一期工程是修建的三座塔楼中第二高的一座，项目总建筑面积 18.7 万 m²，地下 4 层、地上 47 层，建筑高度 255.8m。该工程创造出西南地区"四个第一"——总面积 1.8 万 m² 的第一大基坑，最深达 25m 的第一深基坑；16 根 3.2m 的第一超大直径桩；1 万 m² 的混凝土第一筏板基础；第一座主体结构上下垂直度相差达 7m 的高层建筑。这座塔楼的功能主要定位为高端写字楼或酒店。该工程为"宜居重庆"又一新亮点，成为重庆市新地标（图 2-26）。

图 2-26 嘉陵帆影·国际经贸中心

10. 厦门建发国际大厦

厦门建发国际大厦项目是由厦门建发集团有限公司投资兴建的高档写字楼项目，地处厦门东海岸的会展中心北片区，由一栋 49 层的超高层办公楼及 3 栋配套商业设施组成，总建筑面积 17.8 万 m²，建筑总高度为 219.55m，钢结构用钢量约 12000t（图 2-27）。

图 2-27　厦门建发国际大厦

11. 迪拜 AL Hikma Tower 大厦

AL Hikma Tower 大厦项目位于迪拜商务湾区，地下 3 层、地上 61 层，共计 64 层，周围高楼林立，离世界第一高楼迪拜塔仅咫尺之遥，是该区域又一座地标性建筑。大厦总建筑面积约为 57600m²，为框架剪力墙结构。合同额约 10218 万美元，合同工期为 28 个月，项目业主为 H. H Al Sheikh Issa Bin Zayed Al Nahyan（阿布扎比酋长家族成员）（图 2-28）。

图 2-28　AL Hikma Tower 大厦

12. 卡塔尔多哈高层办公楼

该项目为高档办公楼，总高度 235m，45 层，建筑面积 11.3 万 m²，总工期 854d。合约金额为 426193435 卡塔尔里亚尔，折合 1.17 亿美元，为卡塔尔标志性建筑。项目合约为 EPC 模式（图 2-29）。

图 2-29　卡塔尔多哈高层办公楼

3 关键技术研究

3.1 大吨位长行程油缸整体顶升模板技术

广州西塔、深圳京基 100 项目均属超高层建筑，结构均为钢框-筒体结构，由于核心筒与外框结构的特点，核心筒的施工速度决定了整个大厦的总体施工进度。为了加快核心筒的施工速度，广州西塔率先对提模施工技术进行大胆的改进，研制并实施了一种新的超高层核心筒施工工艺——"大吨位长行程油缸整体顶升模板技术"，以下简称顶模系统，其工艺为整体提升式、低位支撑，电控液压自顶升，其整体性、安全性、施工速度方面均具有较大的优势。

3.1.1 创新点

（1）顶模系统适合用于超高层建筑核心筒的施工。顶模系统形成一个封闭、安全的作业空间，模板、挂架、钢平台整体顶升，具有施工速度快、安全性高、机械化程度高、节省劳动力等多项优点。

（2）与爬模系统相比较，顶模系统的支撑点低，位于待施工楼层下 2～3 层，支撑点部位的混凝土经过较长时间的养护，强度高、承载力大、安全性好，为提高核心筒施工速度提供了保障。

（3）采用钢模可提高模板的周转次数，模板配制时充分考虑到结构墙体的各次变化，制订模板的配制方案，原则是每次变截面时，只需要取掉部分模板，不需要在现场进行大的拼装或焊接。

（4）该系统方便实现墙体变截面的处理，适应超高层墙体截面多变的施工要求。

（5）精密的液压控制系统、计算机控制系统，使顶模系统实现了多油缸的同步顶升，具有较大的安全保障。

（6）施工速度快，每次顶升作业用时仅为2～3h，具有模板挂架标准化、随系统整体顶升、机械化程度高等特点。

（7）顶模系统钢平台整体刚度大，承载力大，测量控制点可直接投测到钢平台上，施工测量方便。

（8）大型布料机可直接安放在顶模钢平台上，材料可大吨位（由钢筋吊装点及塔式起重机运力而确定）直接吊运、放置到钢平台上，顶模系统可方便施工，提高效率，减少塔式起重机吊次。

（9）对于墙体变化部位采用预埋件加三角架的处理方法，解决了超高层建筑平面结构变化大的难题，保证顶模系统能施工至最顶层，具有一定的技术难度及可借鉴性。

（10）采用液压爬模施工电梯平台解决人员上下顶模系统问题，具有一定的开创性和可借鉴性。

3.1.2 关键技术措施

1. 长行程大吨位油缸使用可尽量减少支撑点

顶模系统采用3～4个长行程（一次最大顶升高度5m），大吨位油缸（额定能力300t）作为动力系统，从而可以保证平台支撑点位尽可能减少，顶升过程一次性完成而不需要多次转换，顶模系统有足够的承载能力（图3-1、图3-2）。

2. 模板及脚手架水平移动方便，适合于超高层变截面墙体施工

超高层建筑墙体竖向变截面（一般由下至上逐步截面减薄较为普遍），该系统将模板及脚手架均用可水平滚动的滚轮与钢平台挂架梁相连，可以方便地实现模板及脚手架系统的水平移动，对于超高层建筑的弯截面墙体施工尤为有利。

图 3-1　钢平台桁架安装　　　　　图 3-2　顶升钢柱安装

3. 可在钢平台上直接进行测量

顶模钢平台由 H 型钢加工制作而成桁架结构平台，形成整体，具有较大的刚度和稳定性，桁架平台刚度大，水平位移小，在六级以下的风力作用下平台位移在 2mm 以下，因此测量控制点可以直接投测到钢平台上。

4. 机械化程度高，可加快施工进度

顶模系统的顶升动力及小牛腿收缩动力均为液压系统提供，大钢模板、钢制挂架系统、混凝土布料机、现场施工用设备均随系统整体顶升，机械化程度高，可大大减少人力劳动强度，可以提高施工效率，加快施工进度。

5. 电控制系统安全性高

顶模系统的控制系统由油泵、油管、溢流阀、安全阀、比例换向阀、单向阀、平衡阀、开度仪、控制电路、控制主板等组成受控的液压系统，可以实现油缸顶升高度的精确控制和所有油缸的联动顶升，也可以手动单独顶升，具有故障及误操作自动锁定等功能，能最大限度地保证系统的安全。

6. 液压施工电梯平台解决施工人员上下问题

采用液压爬模施工电梯平台解决人员上下顶模系统问题，施工人员通过施工升降机到达液压施工电梯平台，再通过液压施工电梯平台上架设的爬梯进入顶模系统的最下层平台，顶模系统顶升后，液压平台相应随后爬升。

3.1.3 凸点顶模技术

（1）具有承载力高、适应性强、智能综合控制三大特点，显著提高了超高层施工的机械化、智能化及绿色施工水平，使超高层尤其是近千米的超高层建筑施工的安全、功效大幅提升。

（2）深度解决了传统模架中一直悬而未决的难题，在核心筒结构发生变化时具备超强的灵活适应性：

一是角部可开合，遇到角部大构件吊装时，开合机构完全打开，构件可直接从模架顶部吊装就位。如武汉中心塔楼31～33层伸臂桁架安装角部构件时，6层角部开合机构的上3层完全打开，重达37.39t的伸臂桁架实现了垂直吊装；同时，下3层完全封闭，为角部节点施工提供作业面并保障施工安全。

二是模架整体可内收，满足塔楼渐变意图。塔楼核心筒外墙大幅内收后，凸点顶模外围的4片巨型钢框架可通过在伸缩机构处的螺旋千斤顶实现整体内收，避免传统挂架困难且危险性大的高空拆改。

三是实现支点灵活更换。在传统模架体系中，模架支点无法更换，核心筒墙体洞口位置变化时，只能被动地通过增加施工措施投入予以解决。而凸点顶模支点可通过智能液压系统实现支撑体系支点的灵活更换。

（3）由钢框架、支撑与顶升、挂架、模板和附属设施五大系统组成，总用钢量约2300t，最重构件逾41t，解决了超高层塔楼核心筒施工中常见的墙体内收、吊装需求空间大、安全要求高等施工难题，实现了模板、操作架、材料、机具同步顶升。该模架支点布置灵活、承载力大、适应性强、封闭性好、施工速度快。该体系为世界房建施工领域最重、面积最大、承载力最高、世界首次与大型塔式起重机一体化结合的钢平台体系。

（4）武汉第二高楼——438m高的武汉中心塔楼核心筒智能凸点顶模在156m高空完成了角部开合、整体内收、支点更换等系列整体形态调整，开创了超高层塔楼核心筒模架高空整体形态机械调整的先例。

3.2 箱形基础大体积混凝土施工技术

近年来，随着国民经济和建筑技术的发展，建筑规模不断扩大，大型现代化技术设施或构筑物不断增多，而混凝土结构以其材料物美价廉、施工方便、承载力大、可装饰强的特点，依然广受人们的欢迎，同时大体积混凝土也成为构成大型设施或构筑物基础结构的主要形式。所谓大体积混凝土，一般理解为尺寸较大的混凝土。广州东塔主塔楼巨型箱形基础尺寸为 11.5m×11.6m，厚 6m，底板尺寸为 61m×64m，厚度达 2.5m，混凝土浇筑方量共计 1.9 万 m^3。超厚超大混凝土施工组织与管理、混凝土的防裂控制至关重要。

3.2.1 创新点

（1）优化混凝土的设计配合比，控制大体积混凝土的中心温度；

（2）合理进行组织，在短时间内一次性浇筑完成大体积超大方量的混凝土；

（3）选择合理的浇筑方法和浇筑顺序，避免大体积混凝土在浇筑过程中出现施工冷缝；

（4）采用 JDC-Z 型便携式电子测温仪准确测定大体积混凝土中心温度。

3.2.2 关键技术措施

（1）根据多年大体积混凝土施工经验总结，配合比设计原则如下：

1）采取有效措施降低混凝土水灰比，最大不超过 0.45；

2）在胶凝材料总量不变时，保证混凝土强度的前提下，尽可能多使用粉煤灰和矿渣粉，有利于降低水化热；

3）粉煤灰取代率为 40%，利用外加剂改性功能和活性掺合料的品质效应，改善混凝土内部结构，提高混凝土的工作性、力学性能和耐久性。

（2）根据混凝土的浇筑时间计算每小时浇筑混凝土最小方量，确定所需同时浇筑的混凝土输送泵、混凝土运输车辆以及混凝土供应商的数量。

（3）每个泵机负责长约 7m 范围的浇筑带，布料时相互配合、平齐向前推进，以便提高混凝土的泵送效果，确保上、下层混凝土结合良好，防止混凝土浇筑时出现冷缝。浇筑方法采用"斜向分层、薄层浇筑、循序退浇、一次到底"连续施工的方法。为了保证每一处的混凝土在初凝前就被上一层新的混凝土覆盖，采用斜面分层式浇捣方法，混凝土一次自然流淌，坡度约为 1∶10。分层浇捣使新混凝土沿斜坡一次到底，使混凝土充分散热，从而减少混凝土的热量，混凝土振捣后产生的泌水沿斜坡排走，保证了混凝土的质量（图 3-3）。

（4）采用塑料薄膜加麻袋加浇水养护，减少内外温差，以及采用 JDC-Z 型便携式电子测温仪进行技术监控，掌握大体积混凝土浇筑后的内部温度变化，控制大体积混凝土的温差在 25℃ 以内，从而有效地控制了大体积混凝土的裂缝产生（图 3-4）。

图 3-3　箱形基础混凝土浇筑　　　　　图 3-4　箱形基础混凝土养护

3.3　密排互嵌式挖孔方桩墙逆作施工技术

随着建筑市场大量写字楼向高新方向发展，钢结构房屋日渐增多，都设有多层地下室，深基坑支护设计手法上呈多样化，支护费用普遍较高。密排互嵌式挖孔方桩墙逆作施工技术的应用对施工单位来说，是一种新施工工艺的实践和施工技术水平的提高。

3.3.1 创新点

密排互嵌式挖孔方桩墙逆作施工技术，是在普通逆作法的基础上根据实际工程自身及地质特点进行改进发展起来的，继续继承了逆作法的优点。该施工技术有如下特点：

（1）逆作法施工支护体系为地下室主体结构，刚度大，基坑变形小，支护安全；

（2）基坑支护连续墙为互嵌式挖孔方桩墙，不需大型机械设备，施工工艺简单，接头部位容易处理，防水效果好，施工中无污染；

（3）逆作钢结构地下室，逆作节点接头较钢筋混凝土结构简单；

（4）可采用两层一逆作施工方法，挖土高度扩大，可采用大型机械开挖；

（5）地上和地下可同时施工，施工工期短。

3.3.2 关键技术措施

采用挖孔方桩互嵌排列成地下连续墙（一般兼作地下室外墙）作为基坑围护结构，利用建筑物钢柱及地下室从上至下顺序施工的楼板作为基坑支护内支撑体系。即先施工连续方桩墙、钢柱，再施工地下第一层内支撑楼板（设计可能为地面层或负一层楼板），组成第一道内支撑，然后向下挖土，每挖两层土方，完成一逆作内支撑楼板，直至底板封底。而内支撑第一道楼板层浇筑后，即可同时向上施工，地下室底板完成前，上部结构允许施工层数由设计计算决定。

该技术互嵌桩（咬合桩）的排列方式设计为一个旋挖灌注桩（图 3-5、图 3-6所示 A 桩）和一个人工挖孔桩（图 3-5、图 3-6所示 B 桩）间接布置。地下室外墙采用咬合桩结构形式和桩壁喷射防水细石混凝土的内衬墙组成，以充分发挥桩的作用、结构自防水为原则，其整体性好，刚度大，咬合紧密，具有很好的挡土、止水和防渗效果；桩墙合一施工工艺，将传统的护坡功能扩展到既是地下建筑物的外围挡土墙，又是基础结构承载体系的一部分。

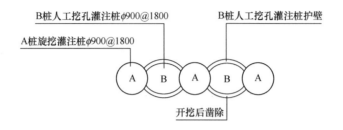

图 3-5　咬合桩平面布置

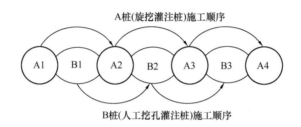

图 3-6　咬合桩施工顺序

旋挖与人工挖孔咬合桩用于地下室外壁的桩墙合一施工工艺总流程如图 3-7所示。

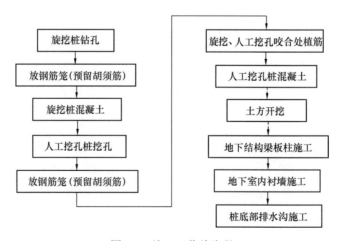

图 3-7　施工工艺总流程

1. 旋挖灌注桩施工工艺流程

施工准备→测量放线定桩位→护筒埋设→挖设泥浆循环系统→钻机定位校正→旋挖钻孔→第一次清孔→安放钢筋笼→下导管→第二次清孔→混凝土灌注→起拔护筒→成桩保护。

2. 人工挖孔灌注桩施工工艺流程

场地清理→放线、定桩位→砌筑井圈→挖第一节桩孔土方→绑扎护壁钢筋，支模浇灌第一节护壁混凝土→安装提土设备→下节桩身挖土，护壁浇筑→循环作业至设计深度→清除孔底杂物→安装钢筋笼→灌注桩身混凝土→桩芯混凝土养护。

3. 旋挖桩与人工挖孔桩咬合节点处理

鉴于人工挖孔桩与旋挖桩为咬合状，先施工旋挖灌注桩，再施工人工挖孔桩。在浇筑人工挖孔桩挖孔之前将两侧旋挖桩身与人工挖孔桩咬合处表面泥土及多余混凝土用剁斧、电镐剔除，注意剔凿深度不可过深，将混凝土剁成平整的小麻面，剁纹垂直于水平线，剁纹最深处不大于1.5mm。剔凿部位混凝土应密实，无蜂窝麻面及夹渣。同时，在 A 桩表面进行植筋，与 B 桩更好地咬合连接（图 3-8、图 3-9）。

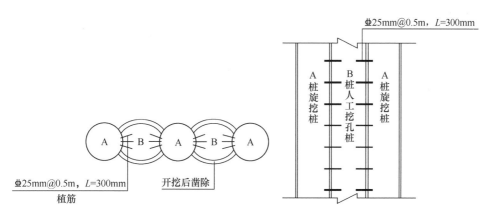

图 3-8　人工挖孔桩与旋挖桩连接平面图　　图 3-9　人工挖孔桩与旋挖桩连接立面图

4. 地下室内衬墙施工及防水施工工艺

为提高地下室外壁的防水性能，在咬合桩结构自防水功能的基础上，采取对咬合桩内侧作凿毛处理，布钢筋网片，喷射防水细石混凝土，从而形成两道防水防线，效果显著。

首先搭设操作平台，清理桩身表面泥土、杂物，以满足下一工序的施工条件。对桩壁进行凿除，用风镐凿出预先焊接在咬合桩钢筋笼上的胡须筋。在咬合桩内侧布设钢筋网，与凿出的胡须筋进行焊接连接。

喷射防水细石混凝土：

（1）施工程序：除尘→桩面喷水湿润→检查钢筋网绑扎→拌混合料→喷射→养护。

（2）喷射前应对受喷表面进行除尘及喷水湿润，喷射时应分段、自下而上进行，喷嘴与受喷面的距离宜在 1m 左右，混凝土回弹率不超过 25％。

（3）分层喷射时前后两层喷射的时间间隔不应少于混凝土的终凝时间 1h。

（4）厚度大于 70mm 时，可分层喷射，按一次厚度 50mm 进行喷射。

（5）施工完毕后，及时进行养护。

3.4　无粘结预应力抗拔桩桩侧后注浆技术

近几年来，随着城市建设的高速发展，城市土地资源越来越少，愈益要求开发三维城市空间，由此产生了大量超高层建筑及深基坑工程，并且开挖深度逐渐增大。裙楼桩基要承担防止地下水对地下室底板产生上浮力的不利抗拔力作用，因此对抗拔桩基础的要求越来越高，而受地质、地下水位高及地下水丰富的影响，抗拔桩基础的选型和施工的难度越来越大。为了缩短建设工期，节省工程造价，降低施工难度，同时为解决上述难题，将无粘结预应力及桩侧后注浆施工技术同时应用到冲孔桩桩基工程中，成为越来越多的逆作或正作施工的高层建筑及深基坑工程裙楼桩基桩选型研究技术。下面以某实际工程为例，重点阐述该技术的主要内容。

3.4.1　创新点

（1）为满足地下室逆作施工条件，冲孔桩桩顶（桩顶标高为－23.200m）以上部分采用逆作板墙深井灌注桩工艺成直径2400mm的空孔，以满足地下室逆作钢管柱安装空间的需要。

（2）在地下－23.200m桩顶设计标高处进行无粘结预应力张拉施工，无粘结预应力张拉操作空间采用板墙深井灌注桩工艺扩孔，直径2.8m。

（3）首次在逆作地下室的抗拔冲孔桩中同时采用无粘结预应力和桩侧后注浆施工技术，并改进传统后注浆埋管方式，使用桩侧环形布管的方法提高注浆效果，实现后注浆代替冲孔桩扩大头的施工技术。

3.4.2　关键技术措施

1. 无粘结预应力技术在逆作地下室中的抗拔冲孔桩施工技术

为满足地下室逆作施工条件，冲孔桩桩顶（桩顶标高为－23.200m）以上部分采用逆作板墙深井灌注桩工艺成直径2400mm的空孔，以满足地下室逆作钢管柱安装空间的需要。无粘结预应力张拉施工在地下－23.000m桩顶设计标高处进行；张拉操作空间采用板墙深井灌注桩工艺扩孔，直径仅2.4m；在施工过程中成功解决了预应力筋的向下滑落问题、桩底预应力固定端的局部承压问题、预应力筋与钢管柱定位环板的相交问题和桩顶标高以上部分预应力筋的保护问题等。同时，采用无粘结预应力技术，大大提高了抗拔桩桩身混凝土的抗裂能力，从而达到减小桩身直径、降低桩身配筋率、节省工期及降低工程成本的目的。

2. 采用桩侧后注浆技术实现桩侧后注浆代替冲孔桩扩大头的施工技术
（图3-10、图3-11）

原设计冲孔桩在碎块状强风化花岗岩中设计扩大头高度为950mm，直径为1800mm，经过优化设计，采用桩侧环形布管的方法提高注浆效果和桩侧抗拔力，并改进传统后注浆埋管方式，实现后注浆代替冲孔桩扩大头的施工技术。

图 3-10　无粘结预应力桩侧后
注浆冲孔桩钢筋笼吊装

图 3-11　无粘结预应力筋及后
注浆环管图

桩长30m，每根桩的桩侧设3根注浆管分别在桩的上、中、下侧，上侧注浆点位于桩顶以下8m处，中侧注浆点位于注浆管下8m处，下侧注浆点在离桩底面5m左右。注浆管之间采用丝扣连接，避免焊接。每组环管沿钢筋通过三根立管接至桩顶－23.200m以上0.5m处，作为注浆口，注浆管底部宜伸出钢筋笼30cm。每根立管注浆点设置双环管，间距1m为一组，双环管上向上各开3个φ8mm孔，确保每组注浆孔均匀向上注浆，取得很好的注浆效果。

3. 在桩顶设计标高－23.200m处，应用大吨位（8400kN）抗拔试验技术

在桩顶设计标高－23.200m处，将桩钢筋接长伸出地面，对该桩进行大吨位（8400kN）抗拔试验，验证了采用无粘结预应力和桩侧后注浆施工技术，后冲孔桩满足设计抗拔力要求。

在混凝土浇筑完成后将钢筋采用直螺纹机械连接接长至地面进行8400kN抗拔试验，从抗拔桩上引出的40φ32mm主筋分为两排固定在反力钢梁上，采用安装在反力钢梁下的两个QF630T型油压千斤顶加载进行抗拔试验，试验加荷方式为慢速维持荷载法。加载分级进行，采用逐级等量加载，加荷反力由地面两侧地基土承担，桩顶上拔量采用位移计进行测读。

3.5 斜扭钢管混凝土柱抗剪环形梁施工技术

四川广电中心钢管斜柱抗剪环形斜梁设计为全国首例，主要是传递弯矩和剪力，通过对环梁进行合理配筋，抗剪环-环梁节点能够有效地传递框架梁端的弯矩和剪力；无论最终破坏发生在框架梁端还是环梁内，试件都能达到所要求的承载能力和延性；由于钢管混凝土斜柱与环梁的承载能力相对独立，即使环梁最终发生破坏，对钢管混凝土斜柱的纵向承载力也不会造成明显影响。

3.5.1 创新点

（1）主楼抗剪环形梁结构复杂，从1层至31层设置在钢管圆柱上，共计868个不同型号的节点。采用直立式、倾斜式和连接式三种方式，钢筋强度高，规格为 $\phi25mm\sim\phi28mm$ 的 HRB400 级钢筋。钢筋总质量达约 $200t$。

（2）环形梁主筋和箍筋间隔排布密集，圆形和椭圆形钢筋加工工艺复杂，施工难度大。

3.5.2 关键技术措施

（1）环梁放样和计算：

倾斜度抗剪环形梁钢筋放样和制作加工，是抗剪环形梁的关键技术。首先是对各个节点的环梁进行精确的计算和放样。采用计算机软件模拟出环梁实际情形，将工程中所有环梁的运行轨迹及倾斜度、相对应的坐标全部计算出来，施工中采用全站仪在地面定位出就位点及倾斜点和环梁点。然后在计算机上根据比例画出环梁圆形、椭圆形的大样图，计算出环梁受力钢筋内外圆不同直径，并根据受力钢筋直径尺寸排列出间距，和环梁的倾斜度，计算出环梁受力钢筋不同圆形尺寸和下料长度，根据大样计算出环梁箍筋、腰筋的下料长度。

（2）环梁钢筋制作：

钢筋制作加工是环梁的关键部分，环梁受力钢筋均为 HRB400 级钢筋

（上部为8根、$\phi 28$mm，下部为7根、$\phi 25$mm，中间设置3根$\phi 16$mm的抗扭腰筋），强度高，用一般的弯曲机操作达不到设计要求，必须用机械卷板机实施。根据软件计算出来的各种环梁钢筋型号和长度进行下料，调整好卷板机的弯曲圆形数据及速度，逐根进行弯曲，各型号的钢筋弯曲完毕后，在事先按照1∶1的比例放好的环形大样上进行逐根校正，检查合格无误后进行接头焊接。环梁钢筋加工分7个步骤：①环梁按图精确放样，放出排列钢筋间距和计算长度；②机械卷制加工；③校正；④接头焊接；⑤箍筋制作；⑥环梁绑扎；⑦检验。每个步骤都必须严谨。

（3）环梁外箍筋（直径10mmHRB400级钢筋，间距为100mm，两头端部设计为135°弯钩）分两次弯钩，避免影响主筋，先弯至90°，待主筋定位后再二次弯至设计要求的135°（图3-12～图3-15）。

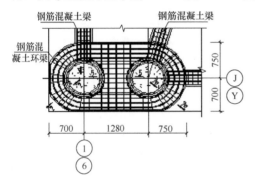

图 3-12　椭圆形环梁

图 3-13　安装就位环形梁

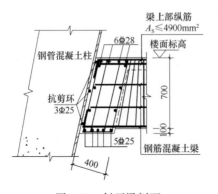

图 3-14　斜环梁剖面

图 3-15　环形梁成型

3.6 真空预压＋堆载振动碾压加固软弱地基施工技术

我国东南沿海地区广泛分布着含水量高、透水性差、压缩性大、强度低的海相沉积软弱黏土层，其地基承载力和稳定性很差，在荷载作用下会产生相当大的沉降和沉降差，影响建筑物的正常使用。排水固结法中的真空预压法和堆载预压法就是处理软弱地基的常用方法。二者加固地基的原理相同，只是施加预压的加载方式不同。

3.6.1 创新点

（1）加荷速度快，无须过多堆载材料。

（2）加荷中不出现地基失稳现象。

（3）同时弥补了真空预压的预压荷载偏小（不超过100kPa）和堆载预压法工期相对较长，需大量的预压材料的缺陷。

3.6.2 关键技术措施

1. 测量放线

用木桩或小竹竿和白石灰放出各加固单元边线的准确位置，并用红漆漆在木桩或小竹竿上，且标出砂垫层顶面的标高；木桩与小竹竿之间也可用红尼龙绳连接。

2. 插打塑料排水板

首先进行场地平整，根据场地软土层厚度、分层情况、原位测试资料、真空施工能力（真空预压规范规定一般1万～2万m^2为一个小区）划分超载预压区，然后清除表层耕土和淤泥，进行场地平整。

3. 铺设砂垫层，开挖密封沟

铺设厚度为0.4m的中粗砂垫层（含泥量小于5%），用推土机推平压实，避免预压期间垫层表面不平整及影响后期沉降观测。

61

4. 安装真空预压系统

（1）铺设水平滤水管；

（2）铺设真空膜（图 3-16）；

（3）设置观测标志（图 3-17）；

（4）安装真空泵；

（5）抽真空预压：试抽真空并无漏气现象后，当膜下真空压力达到 85kPa 后稳压，抽出的水应及时排出场外，不能回排到膜上以防影响后续回填土施工。

| 图 3-16　铺设真空膜 | 图 3-17　设置观测标志 |

5. 堆载真空碾压

真空预压稳压约 10d 后对塘渣进行超载预压，塘渣厚度为 2m。

3.7　混凝土支撑梁减振降噪微差控制爆破拆除施工技术

为保证地下室大面积施工的安全性能，深基坑大多采用安全稳定性能较好的对撑梁支护结构。基坑支护结构的拆除工作直接关系到工程的施工进度及经济效益。支撑拆除方法主要有以下几种：人工风镐拆除法，静态破碎法，大型机械（镐头机）拆除法及绳锯切割拆除法等。人工风镐拆除对大量、大截面钢筋混凝土构件来说，有工期长、耗费人工量大、劳动强度大等缺点；静态破碎对含筋量较高的混凝土，破碎效果较差；大型机械（镐头机）破碎安全，效率高，但受跨度、高度的限制，施工操作难度大，同时地下室底板和楼板强度不足以承受机械的自重和强大的冲击力；绳锯切割造价较高，对垂直运输设备占用的时间较长。

随着爆破技术的发展和新爆破器材的出现，应用微差控制爆破法对基坑支撑水平梁进行拆除，成功克服了传统拆除方法的不足，已经取得成功。根据拆除工程的要求，通过精心设计、精心施工和精心防护，严格控制爆破危害，完全能够达到快速、经济、高效拆除支撑梁的效果目的。

3.7.1 创新点

（1）减振降噪微差控制爆破拆除技术是根据拆除工程的要求、周围环境、拆除对象（钢筋混凝土支撑）和现场具体施工条件，通过控制爆破、分阶段爆破等技术措施，严格地控制炸药爆炸时能量的释放过程和介质的破碎过程，既可达到预期的减振降噪爆破效果，又能将破坏范围严格地控制在设计的安全范围内。

（2）通过控制爆破破坏的范围，爆破时产生的碎块飞出的距离，空气冲击波和声响的强度，爆破所引起的地基振动及其对附近建筑物的振动影响，将爆破对基坑、周边建（构）筑物及人员车辆的影响减少到最小。

（3）爆破炮孔采用钻孔施工。根据构件截面尺寸，计算出最适宜的爆破孔间距、深度和用药量，以期使爆破产生最佳效果。

（4）与传统人工拆除方法相比，该技术机械化程度高，大大地降低了工人劳动强度；提高了施工效率，缩短了工期，为工程施工赢得了宝贵的施工时间，其综合经济效益显著，具有安全、环保、快速便利、节约成本等特点。

3.7.2 关键技术措施

1. 微差控制爆破技术控制爆破振动

采用微差控制爆破技术，通过不同时差组成的爆破网络，以 13～25ms 为一段，一次起爆后，使各炮孔内的炸药依次起爆，减小一次起爆药量，控制爆破振动，获得良好的减振降噪爆破效果。

2. 炮孔爆破前现场施钻

根据构件截面尺寸计算出最佳的爆破炮孔横纵向间距和钻孔深度，炮孔孔径一般为 34～42mm。在实施爆破前通过在构件表面弹线进行炮孔定位，风钻取孔，能够有效控制钻孔位置及深度，减少预埋时产生的误差，对爆破效果能起到良好作用。

3. 分区域、分阶段爆破

在底板和换撑结构达到强度要求后，从最下层支撑开始逐段逐层拆除；爆破时分时段、分区域逐段爆破，使基坑实现逐步卸荷，防止荷载突变，从而保证了基坑的稳定性能。爆破拆除的具体部位和分次情况视施工进度和施工现场实际情况确定（图 3-18、图 3-19）。

图 3-18　钢板及砂包进行覆盖　　　　图 3-19　机械碎渣

3.8　大直径逆作板墙深井扩底灌注桩施工技术

目前，办公楼工程大多处在繁华地段，施工场地狭小。某些地区工程地质条件极其复杂，工程场地内本身深层就有原有废弃的围护桩、旧工程桩，浅层有原有建筑条石、混凝土基础、木桩等障碍物，桩基础持力层岩层起伏变化相当大，存在裙楼冲孔桩基持力层的碎块状强风化、中风化两种情况和塔楼桩基持力层的砂砾状、碎块状强风化、中风化三种情况。为了缩短建设工期，节省工程造价，降低施工难度，同时为解决上述难题，大直径逆作板墙深井扩底灌注桩呼之而出，成为越来越多的逆作法施工的超高层建筑及深基坑工程桩基桩型首选。

3.8.1 创新点

（1）在已施工完，间距3000mm×3000mm的旧冲孔排桩及复杂地质条件下采用大直径3.2m，桩深60m，扩大头直径6.8m逆作板墙灌注桩，并通过桩底现场作载荷板试验代替大吨位（10200t）静载试验，验证桩底持力层是否达到设计要求。

（2）大直径逆作板墙深井扩底灌注桩采用桩底、桩侧及扩大头侧面立体后注浆技术，扩大头施工技术，板墙横筋施工技术及超前降水技术。

（3）大直径逆作板墙深井扩底灌注桩采用安全综合技术：安全亭、可视对讲报警系统、大功率送风机、探照灯照明系统等安全创新点。

（4）桩顶标高－23.000m以上为逆作板墙深井空孔，以满足逆作法钢管柱及安装空间的需要。

3.8.2 关键技术措施

（1）桩顶标高－23.000m以上部分为逆作板墙深井空孔，以满足逆作法钢管柱及安装空间的需要，桩顶标高以下为工程桩。逆作板墙为250mm厚钢筋混凝土圆形环板墙，采用人工分节段取土成孔，取土之后随之分段施工圆形环板墙，循环前段操作施工，最后施工扩大头，形成逆作板墙深井；再经过钢筋笼制作及注浆管制作、安装、浇筑混凝土、后注浆等主要工序，完成逆作板墙深井灌注桩施工。

（2）在施工过程中通过采用安全亭、可视对讲报警系统、大功率送风机、井口探照灯照明系统等安全技术创新点，较好地解决了大直径、超深逆作板墙深井灌注承压桩所存在的防高空物体打击、深井内通风、应急逃生、上下作业人员联系及作业全程监控等施工安全技术难题。

（3）采用桩底、桩侧及扩大头侧面立体后注浆与桩侧逆作板设钢筋土钉相结合技术，通过对桩侧、桩底及扩大头侧面立体后注浆，浆液固结逆作板墙边，致使固结后的土体、钢筋土钉及逆作板墙与桩身形成整体协同作用，达到整体受力体，从而大大提高桩底（持力层）地基承载力和桩侧摩阻力，成功解决了复杂地质条件带来的桩底持力层相差较大问题和个别桩散体状强风化持力层不能满足设计大吨位单桩承载力的要求。

（4）采用后期后注浆和桩底水平环状后注浆技术、扩大头后期后注浆技术填充扩大头处土体松弛空隙，成功解决了桩体土松弛问题及可能存在的桩体承载力降低的风险；桩底水平环状后注浆技术成功解决了桩体底部沉渣、岩层裂隙、持力层泡水软化问题，提高了桩底持力层承载能力（图 3-20、图 3-21）。

图 3-20　进行孔中气体检测　　　　　图 3-21　岩基载荷试验

3.9　超厚大斜率钢筋混凝土剪力墙爬模施工技术

随着目前建筑技术的不断发展，建筑物外形更加独特化、多样化、异形化。倾斜钢筋混凝土剪力墙、倾斜型钢混凝土柱等倾斜结构应运而生。

由于超厚大斜率钢筋混凝土剪力墙结构高度较高，且角度倾斜，构件截面尺寸大，传统支模体系无法满足其施工要求；构件内部钢筋密集，倾斜钢筋绑扎定位困难，具有一定的安全及质量隐患，故采用经改装可调整架体及模板角度的自顶升爬模系统作为模板支设体系，设置模板反拉可调系统以保证模板角度满足设计要求，辅以钢筋支架以满足钢筋绑扎要求。

3.9.1 创新点

（1）爬模首节挂设需搭设满堂架体，进行爬模埋件预埋工作和首层倾斜墙体施工；将液压爬模自顶升系统固定于首层墙体预埋件上，并利用爬模架体上的可调托撑进行角度调节。

（2）设置钢筋支架辅助钢筋绑扎，并预埋下段倾斜剪力墙内埋件；吊装爬模模板，并采用钢管反拉加固可调系统对建筑内侧模板进行调节、加固。

（3）内外模板拼合后，采用自密实混凝土浇筑；爬模再次向上爬升，开始下段倾斜剪力墙施工。

3.9.2 关键技术措施

超厚大斜率钢筋混凝土剪力墙施工应用了以下施工关键技术：采用倾斜自顶升爬模系统作为超厚大斜率钢筋混凝土剪力墙模板支撑体系，爬模架体设置可调斜撑，调节爬模角度以满足斜墙施工要求，以此代替传统满堂支撑架体；采用钢管反拉加固可调系统，可根据设计图纸所需角度要求，反拉加固正面模板，并起到调节模板（斜墙）角度的作用，提高了斜墙角度精度；对于超厚大斜率钢筋混凝土剪力墙倾斜角度较大，钢筋绑扎超过一定长度后偏移大，无法正常施工的情形，在超厚大斜率钢筋混凝土剪力墙内设置钢筋支架，为每层斜墙钢筋提供支撑点，保证钢筋角度定位满足设计要求，提高了工效。

3.10 全螺栓无焊接工艺爬升式塔式起重机 支撑牛腿支座施工技术

传统爬升式塔式起重机支撑系统包含牛腿、支撑鱼腹梁、水平斜撑、竖向斜撑、C 形框等众多构件，每次的周转吊次多、作业时间长；为提高支撑梁端部与牛腿连接的刚度，保证牛腿支座三向（X、Y、Z 方向）的承载力，牛腿与支撑梁多采用焊接连接。如何优化支撑系统，减少支撑系统周转吊次和作业时间，减少支撑系统安装焊接及割除作业，有效提高塔式起重机爬升效率，是保证紧张工期的关键问题。

单台塔式起重机支撑系统需要 3 套 C 形框、支撑梁、牛腿，各套构件加工生产精度存在误差，支撑牛腿安装定位存在误差，核心筒竖向结构施工受爆模、振捣偏位、墙体控制等的影响会存在误差，多方面误差叠加将影响塔式起重机垂直度及安全稳定性，常规的焊接牛腿支座不可调节且适应性差，难以满足拆改达数十次的塔式起重机爬升的安全及精度需求。

塔式起重机内爬升过程中，垂直度的控制是保证塔式起重机安全及正常使用的重要内容，一般要求两道附墙之间误差不超过 2/1000，对于选用 M1280D 及 M900D 的，18～22m 的夹持距离，相当于 C 形框水平误差不超过 36～44mm。而实际施工过程中，混凝土剪力墙的厚度、支撑梁的加工尺寸、支撑牛腿的安装定位等均存在发生误差的可能性，如何保证塔式起重机标准节、C 形框能按垂直度要求快速、准确安装，成为一个难题。

3.10.1 创新点

塔式起重机自下向上逐步爬升，而标准节及 C 形框均属于厂家加工生产，精度较高，设计一套多维可调的牛腿与支撑梁的固定连接装置才能确保各个方面出现的施工、加工误差均不会影响 C 形框及标准节的安装精度。

采用全螺栓塔式起重机牛腿支座的技术，简易快捷且二向可调，巧妙补偿了螺栓安装的误差，避免了塔式起重机支撑系统安装过程中的悬空焊接作业，极大地提高了牛腿安装拆卸的效率。

3.10.2 关键技术措施

该全螺栓牛腿支座包括预埋在墙体内的预埋件和预埋件上的支撑件全部厂内加工生产完成；支撑件上设有轴向限位牙块和一对对称设置的侧向限位组件，一对对称设置的侧向限位组件之间经两块压头板与支撑鱼腹梁头的定位组件螺栓连接，有效限制鱼腹梁轴向及竖向位移（图 3-22）。

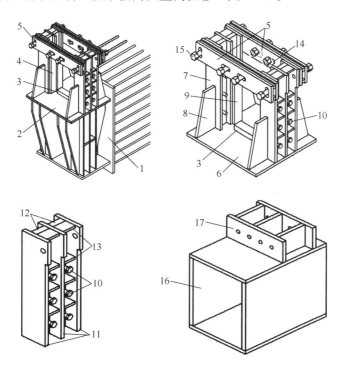

图 3-22　全螺栓牛腿支座的特殊设计

1—预埋件；2—支撑件；3—轴向限位压块；4—侧向限位组件；5—压头板；

6—上水平支撑板；7—侧向限位柱；8—加强撑；9—顶块；10—调节螺栓；

11—横板；12—纵板；13—水平筋板；14—长孔；15—螺栓；

16—塔式起重机支撑梁；17—定位组件

轴向限位牙块为焊接在上水平支撑板上表面的一块矩形厚钢板，轴向限位牙块的长度方向与预埋钢板的表面平行且水平设置，用以辅助控制支撑鱼腹梁的轴向位移。牛腿上水平板的侧向两端设置有一对对称分布的限位组件，侧向限位组件包括侧向限位柱及四条巨型顶块，顶块由侧向留置螺栓调节，有效承载鱼腹梁侧向水平力，并可调节鱼腹框的侧向定位。

首先将全螺栓牛腿支座和预埋件进行焊接，然后吊装就位无斜撑鱼腹梁后安装压头板，固定鱼腹梁的定位组件后通过螺栓连接，最后通过两侧调节螺栓将鱼腹梁进行侧向固定，完成整个鱼腹梁及牛腿的安装过程（图3-23～图3-26）。

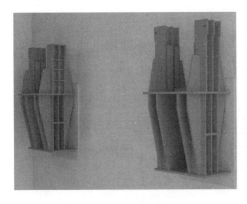

图 3-23　流程一

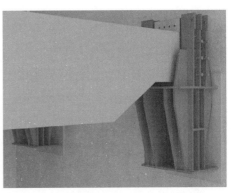

图 3-24　流程二

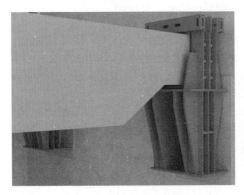

图 3-25　流程三

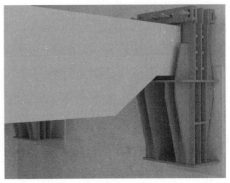

图 3-26　流程四

3.11 直登顶模平台双标准节施工电梯施工技术

随着超高层建造技术不断发展，塔楼竖向结构施工经历由爬架、爬模向智能顶模系统的技术飞跃，尤其是顶模外立面挂架跨越多个楼层，常规电梯标准附着间距无法满足直登操作平台的需求，导致人员进入作业面效率低。为了改变这一现状，在工程实践中创新设计研发一种新型直登顶模平台的双标准施工电梯，并探索出一套相应的施工技术。

3.11.1 创新点

（1）该技术为直登顶模平台双标准节施工电梯施工技术，通过双标准节相互支撑连接的设计特点，有效提高了标准节平面外的刚度，实现了标准节附着间距达到20m的需求，使之满足施工电梯直登顶模操作平台，极大地提高了垂直运输效率，降低了超高层建造过程中超高降效的影响。

（2）利用双标准节及标准节间特殊连接设计，极大地降低标准节与结构间的附着间距，有效保证电梯的整体稳定性。

（3）通过双标准节电梯的设计，实现运行标准节中心点和结构之间的水平距离达到5m，使梯笼有效地避开顶模外挂架，保证梯笼和顶模顶升的正常运行。

3.11.2 关键技术措施

双标准节施工电梯主要通过运行标准节、连接架、辅助标准节、附墙架连接至建筑结构，标准节通过连接架连接后，强度及稳定性更高，辅助标准节通过特制的快拆临时连接附墙同钢平台连接，稳定性更高，确保施工电梯标准节附着间距达到20m（图3-27）。

常规标准的施工电梯附墙间距范围为2.5~4.1m，无法满足超远附着的要求，通过双标准节电梯的设计，实现运行标准节中心点和结构之间的水平距离达到4.9~6m，使梯笼有效地避开顶模外挂架，保证梯笼和顶模顶升的正常运

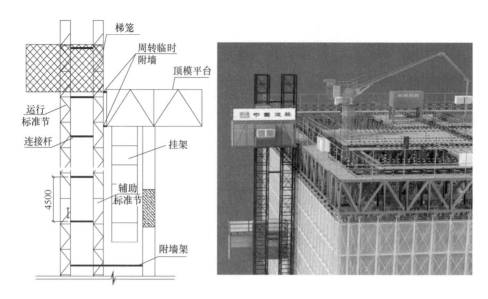

图 3-27　施工电梯上下顶模平台图

行（图 3-28）。

图 3-28　双标准节附着效果图

双标准节电梯的特殊设计实现了直登顶模 20m 的超远垂直附着距离，但施工过程中特别需要注意附墙拆除及安装的流程，尤其是顶模顶升前后电梯的安全性，具体操作过程如下：

（1）标准节竖向连接杆按每 4.5m 一道设置，附墙架按楼层标高设置（超过 6m 的楼层焊接辅助钢梁按 6m 每道设置）。

（2）在顶模顶升前，运用梯笼顶部操作平台先吊装标准节及辅助标准节的加节后完成连接杆的安装。

（3）运用梯笼顶部平台拆除临时周转附墙后，将梯笼下落至最底层开始顶模的顶升。

（4）顶模顶升完成后开始恢复连接顶模平台桁架的 2 道周转临时附墙杆，按顶模的爬升步距，双标准节的最大附着间距已达 20m，此时施工电梯可正常运送人员上下顶模平台。

（5）最后完成辅助标准节与核心筒墙体连接的附墙架安装，保证电梯的稳定性（图 3-29～图 3-33）。

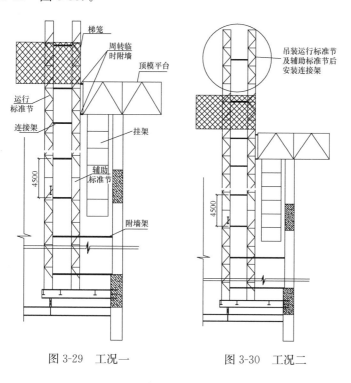

图 3-29　工况一　　　　图 3-30　工况二

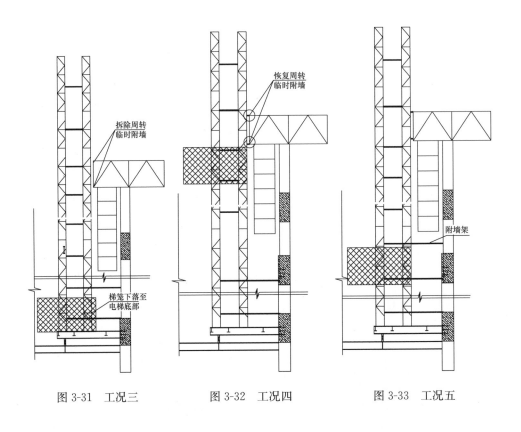

图 3-31　工况三　　　　　图 3-32　工况四　　　　　图 3-33　工况五

3.12　超高层高适应性绿色混凝土施工技术

超高层建筑工程的混凝土需求量巨大，在建设中，面对混凝土工程出现的问题也层出不穷，通过对超高层建筑的混凝土工程进行总结，发现超高层建筑的修建具有以下特点：

（1）超高层建筑是大型建筑，建设成本高，修建后不会轻易拆除，因此要求具备百年的使用年限。

（2）基础结构工程量巨大，由于建筑高度高，建筑物的基础不仅深，而且体量巨大，经常出现需要一次性浇筑数万立方米的超大型底板。

（3）建筑物自重大，对主体承重结构的要求很高，为了提供足够的承载力，在主体承重结构中大量使用高强混凝土，而国外更进一步地使用了超高强度的混凝土。

（4）大量应用了钢-混凝土组合结构，构件结构越发复杂，对混凝土的收缩性能要求很高。

（5）楼层高，后期建设中面临混凝土的垂直运输问题——即混凝土的超高泵送问题，如果混凝土不能进行超高泵送，则很难保证施工工期。

（6）部分连梁、暗柱等结构钢筋分布极为密集，无法进行正常的振捣施工，普通混凝土难以浇筑密实。

（7）在采用智能顶模系统等技术后，极大地提高了超高层建筑的施工速度。在进入标准层修建后，三天一层甚至更短的施工速度不是天方夜谭，但更快的施工速度，带来的混凝土（主要是核心筒剪力墙混凝土）的强度发展和养护问题极为突出。

（8）超高层建筑多修建于 CBD 核心，地处城市繁华区域，而商混企业无法在城市区域搭设拌合站。因此，混凝土的运输距离远，易受交通因素影响，运输时间超过 1h 的情况非常常见。

对应这些施工特点，要求混凝土必须是经济的、高质量的。混凝土必须满足高耐久性——提高建筑物使用年限；强度合格——为结构提供足够的承载力；高稳定性——便于质量控制；易于施工——解决复杂工况施工和降低工人劳动强度；可进行超高泵送——实现超高层一泵到顶，避免二次甚至三次泵送对设备、人员、时间和材料的浪费；低收缩——避免混凝土在强约束墙体或大体积构件中因早期收缩和塑性收缩导致产生收缩开裂；低水化热——避免大体积混凝土水化热导致的核心区域温度过高和温差梯度过大导致产生温度收缩问题；在特定情况下，要能够达到自密实、自养护的能力——极大地节水、省人工、省能源，并有效地提高混凝土施工质量。

传统混凝土产品很难一一满足上述要求，若对超高层建筑混凝土采取"能用且用"的思想，将产生诸如施工困难、泵送不顺、墙体开裂等问题，严重影响超高层建筑的施工速度和施工质量，对生产企业造成恶劣的影响。

3.12.1 创新点

超高层高适应性混凝土（Multifunctional Performance Concrete，MPC）技术，从超高层建筑混凝土工程的 C80HPC 和 C80SCC 技术上逐步发展而来。

超高层高适应性混凝土具有如下特点：

（1）自密实性——自密实混凝土在拌合后至 3h 内，U 形仪试验时，拌合物上升高度不小于 32cm，且无泌水、无扒底，均匀流动，便于施工。

（2）自养护——即混凝土不需浇水养护，靠内部分泌水分自养护。用天然沸石粉（NZ 粉）作为水分载体，均匀分散于混凝土中，供给水泥水化用水，且其强度与湿养护相当或稍高，节省大量水资源和人力，这对超高层建筑的混凝土施工技术尤为重要。

（3）低发热量——混凝土入模温度 25～30℃，内外温差不大于 25℃，避免出现温度裂缝，这对大体积混凝土及大型结构构件十分重要。

（4）低收缩——高强度的混凝土早期收缩、自收缩过大，同时在钢-混凝土组合结构中约束过强，极易造成构件或墙体开裂，按照国际标准，混凝土的收缩率应控制在 0.05% 范围内。而实现低收缩技术，其关键是控制自收缩及 72h 的收缩率小于 0.015%，这样就可以免除或减少裂缝的产生。

（5）高保塑——保持混凝土的塑性 3h，便于泵送施工，特别是超高泵送施工。

（6）高耐久性——混凝土 28d 龄期电通量小于 1000C（或 500C 以下）/6h；针对不同环境，具有不同的抗腐蚀性能，混凝土结构具有百年的工作寿命。

3.12.2 关键技术措施

1. 核心筒双层劲性钢板剪力墙中的 C80MPC 技术

双层劲性钢板剪力墙结构首次在超 400m 大型高层建筑中使用，该结构浇筑完混凝土后，由于内侧存在栓钉，产生了极强的混凝土约束，将混凝土的收缩全部集中于外侧，极易从墙体表面向内发展裂缝。

除了因栓钉易造成混凝土开裂以外，核心筒本身钢筋密度较大，而在连梁、预埋件等部位，还存在更密集的加密区域。这就对混凝土的性能提出了要求：收缩值必须小，和易性必须好，钢筋通过能力必须很高。

由于混凝土早期抗拉强度发展缓慢，早期与配筋共同工作能力差，在强约束的墙体结构中，混凝土因早期的收缩过大，产生开裂的概率非常高，而若早期没有出现裂缝，则在混凝土强度发展起来后，通过与配筋的共同工作，产生收缩裂缝的概率则会降低。

（1）利用超细沸石粉制备的高效保塑剂

根据利用超细沸石粉作为载体制备成 CFA 可以大幅度提高混凝土的保塑效果的理论，我们将超细沸石粉、高效减水剂、超细掺合料进行均匀拌合，并作干燥处理后制备出高效保塑剂。在进行 MPC 配制时，通过控制保塑剂的掺量，可以达到控制混凝土的保塑时间，并且不影响混凝土的正常凝结。

（2）自养护剂和 EHS 的使用

正如第 2 章中提及的，沸石粉不仅可以作为 CFA 提高混凝土的缓凝效果，还可以作为混凝土水源的载体，成为内部供给水源，不仅保障混凝土的正常水化，而且可减小混凝土内部毛细孔洞的体积，降低混凝土早期收缩率。当前可用作水分载体的材料主要分有机和无机材料，有机材料例如混凝土用的 SAP 树脂，无机材料如陶砂粉。而本试验采用的沸石粉，不仅具有吸水、放水及增强作用，还具有增稠作用。因此，这种材料在 SCC 配制中，具有自养护"增稠"和"增强"的多种功能。

同时，为了进一步地控制混凝土的早期收缩，在混凝土中掺入了少量的 EHS 膨胀剂，利用混凝土在自养护剂下可水化充足的特点，充分发挥低掺量 EHS 的膨胀作用，补偿一部分早期收缩，使混凝土的早期收缩处于一个极低的状态。

（3）C80MPC 的配合比设计

如表 3-1 所示，1、2 号配合比为普通 C80 低热混凝土，用水量135kg/m³；

3、4 号配合比为自密实自养护混凝土，用水量 142kg/m³，不掺加膨胀剂；5、6 号配合比为自密实自养护补偿早期收缩混凝土，外掺膨胀剂 1.5%（8.8kg/m³），用水量 142kg/m³。

C80 混凝土试验配合比   表 3-1

编号	材料用量（kg·m⁻³）							研发减水剂（%）	研发保塑剂（%）
	P.Ⅱ52.5	微珠	Ⅰ级灰	增稠粉	S95 矿粉	河砂	碎石		
1	300	120	150	—	—	650	1200	1.6	—
2	300	100	120	—	50	650	1200	1.6	—
3	320	80	170	15	—	800	900	2.0	—
4	320	60	140	15	50	800	900	1.6	—
5	320	60	170	15	—	800	900	1.7	—
6	320	60	170	15	—	800	900	1.9	1.5

1）1 号配合比——C80HPC 性能介绍

新拌混凝土初始坍落度 22.5mm，扩展度 595mm×595mm，倒筒时间 17s；2h 后混凝土坍落度 21.5mm，扩展度 590mm×590mm，倒筒时间 11s；混凝土 24h、48h、72h 自收缩与早期收缩率 0.062‰、0.081‰、0.094‰；水泥砂浆开始温升时间 23.5h，初温至峰值温度范围 26～75℃，温峰时间 11h；3d、7d、28d、56d 抗压强度 58.9MPa、68.1MPa、88.9MPa、92.5MPa。

2）2 号配合比——C80HPC 性能介绍

新拌混凝土初始坍落度 23mm，扩展度 660mm×660mm，倒筒时间 10s；2h 后混凝土坍落度 23mm，扩展度 660mm×660mm，倒筒时间 10s；混凝土 24h、48h、72h 自收缩与早期收缩率 0.142‰、0.17‰、0.19‰；水泥砂浆开始温升时间 20h，初温峰值温度范围 28～77℃，温峰时间 35h；3d、7d、28d、56d 抗压强度 62.2MPa、73.8MPa、86.6MPa、90.4MPa。

3）3 号配合比——C80SCC 性能介绍

混凝土坍落度 250mm，扩展度 550mm×550mm，倒筒时间 8s，U 形仪升高 295mm；混凝土 24h、48h、72h、96h 自收缩与早期收缩率 0.01‰、0.13‰、0.15‰、0.16‰；水泥砂浆初始温度 26℃，开始升温 23h 后，最高温度达 68℃（36h 后达到）。

4）4 号配合比——C80SCC 性能介绍

混凝土坍落度 250mm，扩展度 650mm×650mm，倒筒时间 7s，U 形仪升高 320mm；混凝土 24h、48h、72h、96h 自收缩与早期收缩率 0.15‰、0.18‰、0.19‰、0.25‰；水泥砂浆初始温度 26℃，开始升温 27h 后，最高温度达 79℃（39h 后达到）；混凝土自养护 3d、7d、28d 抗压强度为 56MPa、75.6MPa、92.1MPa；标准养护 3d、7d、28d 抗压强度 50MPa、66.5MPa、86.1MPa。

5）5 号配合比——C80SCC 性能介绍

混凝土在无保塑料、针片状颗粒多的情况下坍落度 25cm，扩展度 560mm×560mm，倒筒时间 8s，U 形仪升高 300cm。

6）6 号配合比——C80MPC 性能介绍

混凝土坍落度 25cm，扩展度 650mm×650mm，倒筒时间 7s，U 形仪升高 320cm；在掺加 1.5％硫铝酸盐膨胀剂、保塑粉、复合减水剂情况下，混凝土 24h、48h、72h、120h 自收缩与早期收缩率 0.103‰、0.106‰、0.099‰、0.11‰；混凝土 3d、7d、28d、56d 抗压强度在自养护条件下为 56.6MPa、75.6MPa、92.1MPa、94MPa，湿养护条件下为 50.6MPa、66.5MPa、86.1MPa、90.1MPa；水泥砂浆初始温度 27℃，开始升温 23h 后，最高温度达 74℃。

通过诸多实验室试验以及模拟试验，针对双层劲性钢板剪力墙设计满足于其收缩特性的 C80MPC，并且在广州东塔核心筒剪力墙结构中使用，取代原有 C60 核心筒墙体设计，优化了原设计 1/6 的墙体厚度。

2. C120MPC 的研究应用

（1）C120MPC 的配合比

C120MPC 主要采用水泥＋微珠＋硅粉的技术路线，使用沸石粉（Nz）作自养护剂、EHS 提供早期收缩补偿，并使用保塑剂来提高混凝土的保塑性能，配合比如表 3-2 所示，其工作性能如表 3-3 所示。

C120MPC 的配合比 表 3-2

C	MB	Sf	Nz	EHS	S	G1	G2	W	A	保塑剂
500	175	75	15	8	710	150	750	135	2.2%	15

C120MPC 工作性能 表 3-3

放置地点	初始状态				3h 后状态			
	倒筒（s）	坍落度（mm）	扩展度（mm）	U填充高度（mm）	倒筒（s）	坍落度（mm）	扩展度（mm）	U填充高度（mm）
室内	2.22	275	770×780	340	3.53	270	730×730	320
室外					2.09	265	730×740	320

（2）C120MPC 的超高泵送试验

通过东塔项目 C120MPC 的超高泵送试验，在东塔项目 111 层（约 511m）的混凝土构件的浇筑，约 200m³，整个泵送过程非常顺利。在现场留置试件，并按照自养护和湿养护方式进行养护，留置试件不同龄期的强度如表 3-4 所示。使用 C120MPC 浇筑的核心筒墙体和梁在拆除模板后，表面平整光滑，没有出现肉眼可见裂缝，C120MPC 技术获得了成功。

留置试件强度一览 表 3-4

编号	抗压强度（MPa）			
	3d	7d	28d	56d
C120（湿养）	87.3	102	132	140
C120（自养）	88.5	104	136	142

3.13 超高层不对称钢悬挂结构施工技术

随着国民经济的不断增长，城市建设突飞猛进，建筑造型越来越新颖独特，结构形式也越来越新颖复杂，不对称钢悬挂结构以其不对称性作为钢悬挂结构体系的一种表现特例，在大型公共建筑中应用将会越来越多，以下以贵阳某工程为例进行总结。

3.13.1 创新点

提出全面引入边界条件、荷载条件、结构材料、几何形态等的过程变化特性模拟方法，实现了精细化施工模拟分析，相对以往模拟分析技术该技术考虑得更加全面、精确和细致，有效地提高了施工全过程模拟分析的精度。

提出运用标高可调胎架弱化核心筒不平衡力矩，通过调节支承胎架标高，最大限度地发挥支承胎架对核心筒不平衡力矩的弱化作用；建立了一套适于多组不对称钢悬挂结构的对称平衡安装技术，该技术以核心筒的抗弯、抗倾覆为主控指标，实现了非对称悬挂结构体系的安全施工。

完善了施工预调技术，具体包含：多次迭代预调值确定技术，地基、结构、胎架协同作用预调值分析技术，结构预调值实施技术，该技术在理论分析、实施指导方面均具有较强的针对性。

首次提出通过控制调整每个钢悬挂段楼层之间混凝土浇筑顺序（即加载顺序）来减小不对称钢悬挂结构的变形，确保整个悬挂结构整体受力对称、均匀、稳定，实现弱化核心筒不平衡力矩控制。

3.13.2 关键技术措施

1. 考虑过程变化特性的不对称钢悬挂结构体系施工模拟分析技术

（1）考虑基础不均匀沉降的边界变化模拟方法；

（2）采用分级分步加载的荷载变化模拟方法；

（3）考虑混凝土收缩和徐变的材料特性变化模拟方法；

（4）基于生死单元的几何形态变化模拟方法。

2. 多组不对称钢悬挂结构对称平衡安装技术

（1）可调式支承胎架弱化核心筒不平衡力矩

钢悬挂体安装前设置临时支承胎架，支承胎架由下至上在每一悬挂体下方设置，以此改善悬挂体的受力状态：上部悬挂体的部分自重荷载通过其下方的支承胎架传递到下部悬挂体，下部悬挂体再将荷载传递到其下方的支承胎架，依次传递，直至基础。

支承胎架的设置可一定程度上弱化不平衡施工对核心筒的安全性影响，而支承胎架的竖向变形（包含基础沉降＋压缩变形）将极大地影响悬挂体自重荷载在核心筒及支承胎架上的分配（图 3-34）。

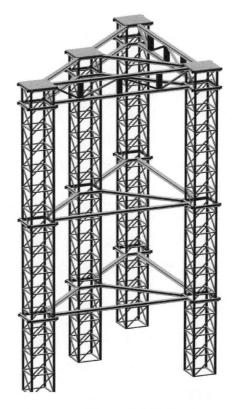

图 3-34　悬挂楼层底部格构胎架效果图

为此研发标高可调支承胎架，在支承胎架顶部设置千斤顶，施工中实时调节，以最大限度发挥支承胎架对核心筒不平衡力矩的弱化作用（图 3-35）。

根据不同位置悬挂楼层的高度和结构形式特点，安装时因地制宜，设置不同规格和形式的支承胎架，以确保安装精度和提高安装效率（图 3-36、图 3-37）。

（2）对称安装控制核心筒不平衡力矩

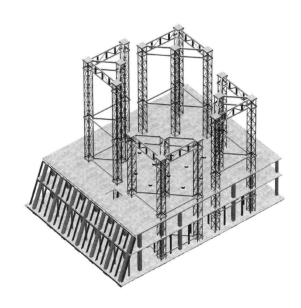

图 3-35 悬挂楼层底部胎架布置效果图

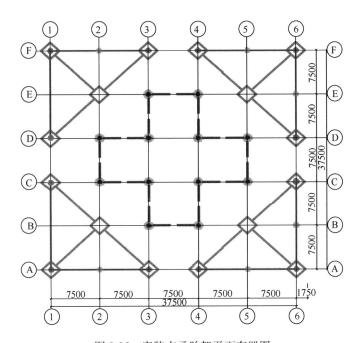

图 3-36 安装支承胎架平面布置图

图 3-37　三层间隔胎架效果图

多组悬挂体平面呈对称布置，施工时采用对称安装技术控制悬挂体对核心筒结构的不平衡力矩影响（图 3-38）。

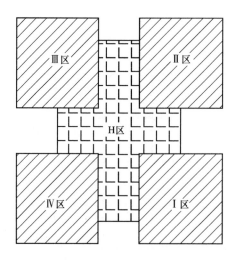

图 3-38　多组悬挂体平面呈对称布置图

3. 多组不对称悬挂结构变形与内力控制技术

多组不对称悬挂结构体系为典型的柔性结构，悬挂体在自重作用下极易产生较大的变形（主要为下扰变形）和内力，影响建筑成型效果。基于此，多组不对称悬挂结构变形和内力控制技术的核心技术思想是通过"形体预调＋变形测控＋实时调节"，在建筑成型阶段对其形体和内力进行主动补偿和控制，以保证建筑几何形体及内力满足设计和规范要求。

悬挂结构形体预调技术的本质是通过结构力学分析等评估悬挂体变形，并以结构的设计位形为目标位形，对结构进行形体主动补偿，以保证最终的形体效果。对于非对称悬挂结构而言，形体预调是一项复杂的技术系统，主要包括预调值确定和预调值实施两大部分（图 3-39）。

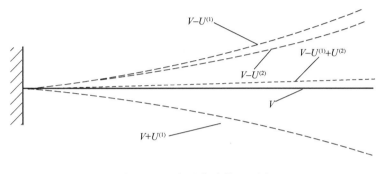

图 3-39　一般迭代计算工程图

4. 不对称悬挂结构多点同步卸载及监测技术

悬挂体之间的总体卸载顺序与悬挂体的受力关系密切，而每一悬挂体内部各卸载点卸载时的对称性、同步性则极大地影响结构的抗倾覆和抗失稳能力。不对称悬挂结构多点同步卸载及监测技术实现了非对称悬挂结构体系的安全卸载。该技术的核心思想是：通过合理的卸载顺序弱化卸载时各悬挂体的相互不利影响；通过对称同步卸载，避免因悬挂体自重在核心筒上产生不平衡力矩等。

主要技术手段如下：

（1）考虑安装初始缺陷的卸载过程：模拟优化卸载顺序；

（2）对称同步卸载：控制核心筒不平衡力矩产生；

（3）卸载过程监测：实时监控结构的形态和内力变化；

（4）敏感性分析：确定不平衡卸载临界限值。

主要通过千斤顶卸载实现结构自由受力，当一组悬挂体全部完成结构安装并焊接合格后，开始同步卸载设置于临时支撑顶部的千斤顶对悬挂体的作用力，悬挂体受自身重力作用而随着千斤顶一起下降，直至达到下挠极限值。

在每一个悬挂段底层和顶层设置监控点以监控每浇筑一层混凝土时关键节点的变形值，以确保钢悬挂应变变形在设计及目标允许范围内（图3-40）。

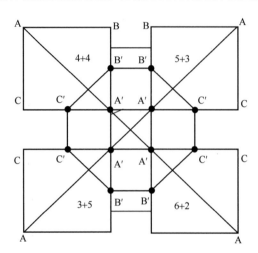

图3-40 钢悬挂结构监控点布置示意图

5. 不对称钢悬挂结构楼层混凝土对称加载控制技术

（1）根据不对称钢悬挂结构受力特点及核心筒先于悬挂结构施工工艺要求，且充分考虑钢悬挂结构部分的受力变形及钢结构的自身应变，必须通过控制调整每个钢悬挂段楼层之间的加载顺序来减小不对称钢悬挂结构的变形，确保整个悬挂结构整体受力对称、均匀、稳定，避免因上部混凝土荷载不均匀加载而致使钢悬挂结构产生的变形过大，避免因钢悬挂结构变形过大而使楼层混凝土产生拉裂缝，以确保混凝土施工质量。

（2）对于整个不对称钢悬挂结构体系，悬挂楼板混凝土浇筑必须待每个钢悬挂段钢结构安装胎架拆除，且钢悬挂段自身钢应变卸载稳定后方可进行。混凝土浇筑悬挂段之间按照从下至上的顺序进行，悬挂楼层间按照对称、均匀的加载原则进行。

其特征在于：每个钢悬挂段内楼层先浇筑腰桁架层混凝土，待该层混凝土强度达到设计强度的 50％后，浇筑相互对称楼层，相互对称楼层平面内浇筑原则为先浇筑对称角，再浇筑剩余的非对称角。平面内对称楼层在相互对称楼层浇筑之后或之前浇筑。每个钢悬挂段内的现浇混凝土楼层最后浇筑。

平面内对称楼层（俗称完整楼层）：是指在平面内以核心筒为对称中心，楼层的悬挂部分在平面投影上呈中心对称（图 3-41）。

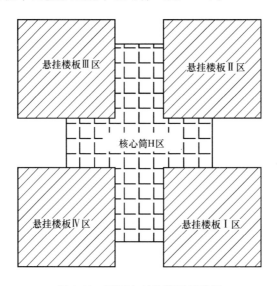

图 3-41　平面内对称楼层示意图

相互对称楼层（不对称楼层）：是指以核心筒为对称中心，两楼层的悬挂部分在平面投影上呈中心对称（图 3-42）。

每个钢悬挂段内先浇筑腰桁架层混凝土，待该层混凝土强度达到设计强度的 50％后，浇筑相互对称楼层，平面内对称楼层在相互对称楼层浇筑之后或之前浇筑。每个钢悬挂段内的现浇混凝土楼层最后浇筑（图 3-43）。

不对称较为典型的 18、19、29 层平面内混凝土浇筑示意如下：

由于第 18 层处于第一悬挂段与第二悬挂段交接位置，不对称特性较为典型。为保证结构整体受力平衡，须先浇筑Ⅲ、Ⅳ和 H 区（图中阴影部分），该层多了一个（Ⅰ）区，进行设缝处理（图 3-44）。

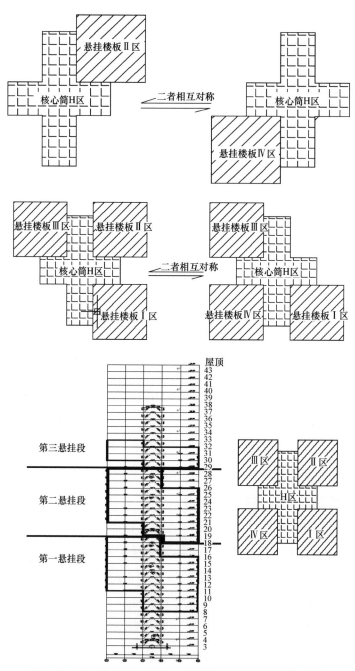

图 3-42 不对称钢悬挂结构悬挂段楼层立面及平面分区图

悬挂楼层数	悬挂楼层涵盖分区	相互对称楼层	混凝土浇筑顺序
第8层	Ⅰ		第一悬挂段：
第9层	Ⅰ、Ⅱ		第15层(腰桁架层)→第11层
第10层	Ⅰ、Ⅱ、Ⅲ		→第12层→第13层→第16层
第11层	Ⅰ、Ⅱ、Ⅲ、Ⅳ		→先浇筑第8层，后浇筑第
第12层	Ⅰ、Ⅱ、Ⅲ、Ⅳ		17层，其中Ⅲ区宜优先→
第13层	Ⅰ、Ⅱ、Ⅲ、Ⅳ		先浇筑第9层，后浇筑第18
第14层	Ⅰ、Ⅱ、Ⅲ、Ⅳ		层的Ⅲ、Ⅳ和H区，该层
第15层	Ⅰ、Ⅱ、Ⅲ、Ⅳ		多了一个（Ⅰ）区，进行
第16层	Ⅰ、Ⅱ、Ⅲ、Ⅳ		设缝处理→先浇筑第10层，
第17层	Ⅱ、Ⅲ、Ⅳ		后浇筑第19层的Ⅳ区，该层
第18层	Ⅲ、Ⅳ、（Ⅰ）		多了（Ⅰ）、（Ⅱ）区，这和H
第19层	Ⅳ、（Ⅰ）、（Ⅱ）		区一起设缝处理→第14层
第20层	（Ⅰ）、（Ⅱ）、（Ⅲ）		第二悬挂段：
第21层	（Ⅰ）、（Ⅱ）、（Ⅲ）、（Ⅳ）		第25层(腰桁架层)→第21层
第22层	（Ⅰ）、（Ⅱ）、（Ⅲ）、（Ⅳ）		→第22层→第23层→第26层
第23层	（Ⅰ）、（Ⅱ）、（Ⅲ）、（Ⅳ）		→先浇筑第18层，后浇筑第
第24层	（Ⅰ）、（Ⅱ）、（Ⅲ）、（Ⅳ）		27层，其中（Ⅲ）区宜优先→
第25层	（Ⅰ）、（Ⅱ）、（Ⅲ）、（Ⅳ）		先浇筑第19层，后浇筑第28
第26层	（Ⅰ）、（Ⅱ）、（Ⅲ）、（Ⅳ）		层→先浇筑第20层，后浇筑
第27层	（Ⅱ）、（Ⅲ）、（Ⅳ）		第29层的（Ⅳ）区，该层多了
第28层	（Ⅲ）、（Ⅳ）		一{Ⅰ}区，这和H区一起
第29层	（Ⅳ）、{Ⅰ}		设缝处理→第24层
第30层	{Ⅰ}、{Ⅲ}		第三悬挂段：
第31层	{Ⅰ}、{Ⅲ}		第30层(腰桁架层)→第31层
第32层	{Ⅰ}、{Ⅲ}		→先浇筑第29层的{Ⅰ}
第33层	{Ⅲ}		区，后浇筑第33层的{Ⅲ}
			区→第32层

第一悬挂段、第二悬挂段、第三悬挂段

注：图中填充表示对称楼层，（）表示第二悬挂段，{}表示第三悬挂段，箭头所示为相互对称楼层。

图 3-43　不对称钢悬挂结构悬挂段混凝土浇筑顺序图

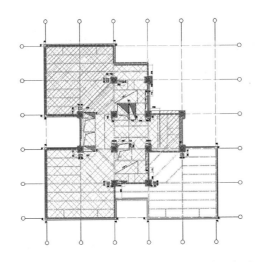

图 3-44　第 18 层结构混凝土先浇筑区域示意图

　　由于第 19 层仍处于第一悬挂段与第二悬挂段交接位置，不对称特性较为典型。为保证结构整体受力平衡，须先浇筑Ⅳ区（图中阴影部分），该层多了（Ⅰ）、（Ⅱ）区，这和 H 区一起设缝处理（图 3-45）。

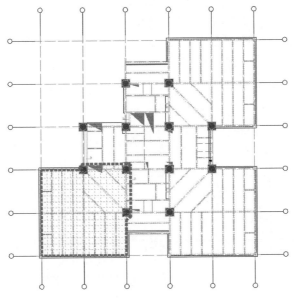

图 3-45　第 19 层结构混凝土先浇筑区域示意图

　　第 29 层处于第二悬挂段与第三悬挂段交接位置，不对称特性较为典型。为保证结构整体受力平衡，须先浇筑（Ⅳ）区和 H 区（图中阴影部分），该层多了一个〔Ⅰ〕区，进行设缝处理（图 3-46）。

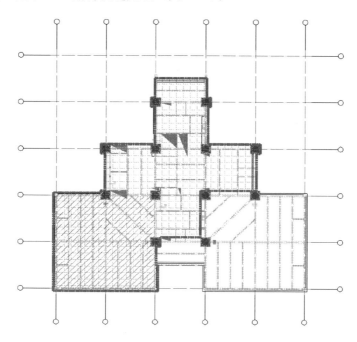

图 3-46　第 29 层结构混凝土先浇筑区域示意图

6. 不对称钢悬挂结构特殊脚手架技术

　　对于不对称钢悬挂结构体系，其施工流程要求核心筒钢管柱先于悬挂段施工，核心筒钢管柱施工完成后，钢管柱的外包结构（浇筑混凝土层）和核心筒的部分楼板需要同时施工，故核心筒体系的钢结构及土建专业交叉作业、配合施工频繁，其脚手架搭设如采用常规性分段悬挑封闭式脚手架，将影响后施工的悬挂结构安装，不能满足不对称钢悬挂结构的施工要求。故应针对不对称钢悬挂体系搭设专门的悬挑开口型脚手架，其是核心筒外围的每根钢管柱分别搭建单独的悬挑式脚手架。

　　悬挑式脚手架包括立杆、大横杆和小横杆，立杆位于工字钢支撑横梁上，在立杆的外侧设有密目安全网，工字钢支撑横梁通过圆钢 U 形箍焊接在楼层钢梁上，钢丝绳的一端通过绳卡连接在工字钢支撑横梁上，另一端连接在楼层楼板的圆钢 U 形埋件上（图 3-47、图 3-48）。

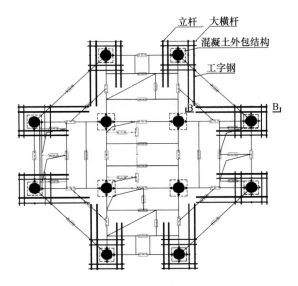

图 3-47 悬挑开口型脚手架平面示意图

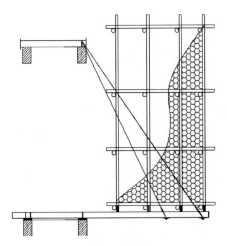

图 3-48 悬挑开口型脚手架 B-B 剖面示意图

3.14　超高层钢管混凝土大截面圆柱外挂网抹浆防护层施工技术

现代城市超高层办公建筑中，钢管混凝土柱应用越来越广泛。在钢管混凝土大截面圆柱外施工挂网抹浆防护层能有效地保护好这种大截面钢管柱，使其发挥更好的力学性能和优势，克服了防火涂料等其他外防护层造价高、施工复杂、维护费用高、不环保等缺陷。同时它也是一种新颖的设计理念和更加环保的施工工艺。

某超高层办公建筑，按照钢结构防腐及防火要求，耐火等级为一级。根据设计及相关规范要求采取支座连接板及相应的防火处理措施，该工程钢管混凝土柱的钢管外壁采用70mm厚砂浆包裹防火，耐火极限为3h。其工艺原理是先进行钢管柱的除锈清理工作，采用焊接固定钉、分层挂钢丝网、分层抹灰，并利用自制的圆弧模具进行过程控制及最终成型检查，以满足钢管混凝土柱挂网抹浆防护层的施工。而且，钢管混凝土大截面圆柱外挂网抹浆防护层的施工与其他利用圆形钢模或者木模进行浇筑施工相比节约大量的模板，避免浇筑时根部漏浆造成材料的浪费。耐久性与建筑使用年限一样。钢管混凝土大截面圆柱外挂网抹浆防护层施工与涂刷规范要求的防火涂料相比节约工期和成本，钢结构防火涂料保护层的施工工序复杂，对用具材料以及施工环境都有很高的要求。

3.14.1　创新点

（1）钢管混凝土大截面圆柱外挂网抹浆防护层的施工采用新颖的施工技术代替传统钢结构防火涂料的做法，将挂网抹灰与圆钢管柱有效结合。具有良好的防腐、防锈、防火作用，能较好地满足设计要求。

（2）钢管混凝土大截面圆柱外挂网抹浆防护层的施工便捷、工序简单，其施工条件受环境等其他条件影响小。同时，采用分层挂网抹灰施工工艺，解决了防护层抹灰开裂的通病，质量易于保证。

（3）钢管混凝土大截面圆柱外挂网抹浆防护层的施工可以穿插在主体施工过程中，利用外爬架防护与主体结构施工同步进行。只需要腾出钢结构周边的工作面即可施工，工序简单，与传统施工工艺相比能第一时间给下面的施工工序提供工作面，节省工期。

（4）在施工过程中焊接固定钉时，根据钢管柱截面直径采用自制的三角架固定，提高了焊接的效率，使得焊接点更加均匀，保证质量的同时节省了时间。

（5）在抹灰后根据钢管柱直径 1400mm、1300mm、1200mm、1100mm，采用自制的半圆模块来检查和完善钢管柱抹灰的外形弧度问题，不需要用大量的模板，节省了模板用量，提高了效率，节省了节点工期。

（6）采用强度等级为 M7.5 的成品湿拌砂浆，避免在现场自搅产生噪声及大量的粉尘和污染，有利于建筑节能环保。抹灰过程分 4～5 层进行分层抹灰，最终达到 7cm 的防护厚度，保证了钢管柱防护层的质量，也满足设计对防火的要求。

（7）钢管混凝土大截面圆柱外挂网抹浆防护层的施工选用普通成品砂浆和钢丝网片，降低了施工成本。同时，建筑物投入使用以后对防护层后期维护费用低，基本不需要额外的维护，耐久性同建筑物使用年限。

3.14.2 关键技术措施

1. 工艺流程

施工准备→焊接固定钉→挂第一道钢丝网→验收→甩面浆→分层抹灰→挂第二道钢丝网→验收→做灰饼→分层抹灰→压光成型→验收→养护及成品保护。

2. 施工工艺及操作要点

（1）施工前准备

队伍准备：该超高层钢管混凝土大截面圆柱外挂网抹浆防护层施工，涉及土建施工队、钢结构施工队、钢结构第三方检测单位及爬架专业等各工种之间交叉作业，所以对各工种、班组之间的沟通和协调工作要求较高，能够多个小组同时作业。

土建施工队下设：钢筋班、木工班、抹灰班、架子工，并配备杂工。钢结构安装队下设：测量班、焊接班、配合检测的人员。上述班组根据工作量及进度要求配备人数。

材料准备：相关模具根据钢管柱的具体尺寸事前做好，还有吊线用的小工具以及需要的强度等级为 M7.5 的砂浆和符合要求的钢丝网，其规格为 $\phi1.6mm@20mm\times20mm$ 钢丝网和 $\phi2mm@25mm\times25mm$ 钢丝网。

技术准备：在工人进场后，项目部对其进行施工方案和施工技术的交底。

检测准备：检测工作包括钢管柱对接焊缝的超声波探伤检测和钢管柱混凝土的超声波密实度性能检测，在钢管柱基面清理之前要做好检测准备工作。

钢管柱基面清理：为保证砂浆与钢管柱外表面粘结良好，需对基面进行清理。清理时应以除锈机对钢管柱表面进行除锈，以表面无锈蚀为宜。清理过程中严禁用水冲洗。

（2）焊接固定钉

相关准备工作完成以后就可以进行固定钉的焊接工作。固定钉规格为 $\phi10mm@600mm\times600mm$（$L=60mm$），应以砂轮切割机进行切割，保证与钢焊接端部平整。钢管柱均为圆钢管柱，则固定钉竖向间距为 600mm（在柱头或柱脚，不足 600mm 者须设一道），水平间距见表 3-5。

水平间距表 表 3-5

钢管柱直径（mm）	1400	1300	1200	1100
水平每圈固定钉个数	8	7	7	6

固定钉应尽量均匀，呈梅花形布置（图 3-49）。

根据现场实际情况我们自制了一个三角架用于选择固定钉的位置，利于高效保质地完成固定钉的焊接工作（图 3-50、图 3-51）。

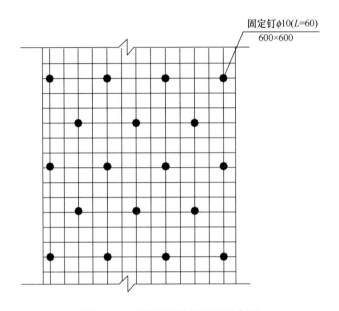

固定钉φ10(L=60)
600×600

图 3-49 钢管柱防护层展开示意图

图 3-50 自制三角架

图 3-51 三角架焊接时的应用

（3）挂第一道钢丝网及验收

固定钉焊接好后，挂第一道密目式钢丝网。钢丝网规格为 φ1.6mm@20mm×20mm，钢丝网须拉直、压紧，并与固定钉绑扎固定。钢丝网水平搭接区长度为 300mm，然后根据挂网要求进行检查（图 3-52）。

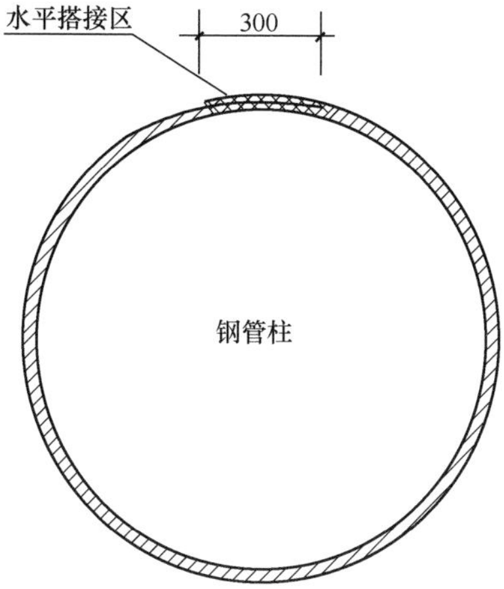

图3-52　钢管柱防护层平面挂网搭接示意图

（4）甩面浆

按照相关要求挂好第一道钢丝网后，甩底层砂浆。底层砂浆要求水灰比为1:2的水泥浆，提高抹灰砂浆与柱体的粘结力。

甩浆时用笤帚蘸水泥浆甩至柱体上，甩出的毛刺高度为 0.5cm 左右。注意甩浆时的技巧，保证毛刺的高度符合要求。甩浆完了之后，注意润水养护。

（5）分层抹灰

分层抹砂浆至 50mm 厚，砂浆采用 M7.5 普通成品砂浆。砂浆应分 3～4 层抹上，每层厚度不得超过 15mm。一层砂浆抹完后，须待其流淌性减小后方可抹下一层，以免砂浆滑落。

（6）挂第二道钢丝网及验收

当抹灰抹到 50mm 左右，即大概离固定钉端部 10mm 时开始挂第二道钢丝网片。钢丝网规格为 $\phi 2mm@25mm \times 25mm$，钢丝网须拉直、压紧，并与固定钉绑扎固定（图 3-53）。钢丝网水平搭接区长度为 300mm，然后根据挂网要求进行检查。

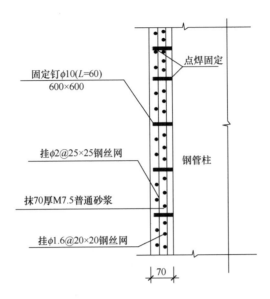

图 3-53 钢管柱防护层示意图

（7）做灰饼

第二道钢丝网挂好、检查完以后开始做灰饼。利用我们自制的半圆模具从下往上做灰饼。因为要求的抹灰厚度为 70mm，而自制的固定钉为 60mm，做灰饼可以更好地保证抹灰的厚度及质量。灰饼先做好最下面的，然后根据吊线引到柱子上部。

（8）分层抹灰

分层抹砂浆至 70mm 厚，砂浆采用 M7.5 普通成品砂浆。应分 1～2 层抹砂浆 20mm 厚。一层砂浆抹完后，须待其流淌性减小后方可抹下一层，以免砂浆滑落。最面层砂浆抹完后，应用抹灰刀修整，达到面层呈圆形、无棱角、无缺陷。

（9）压光成型及验收

当砂浆抹至规定的厚度时需要用我们自制的模具进行检查，最后用铝搓（铝合金刮尺）进行压光、收光。压光成型以后根据要求进行检查，保证施工质量。

（10）钢管柱的养护及成品保护

钢管混凝土大截面圆柱外挂网抹浆防护层施工后需喷雾养护 7d，喷水养护在水泥砂浆初凝后进行。保持抹灰面的湿润，以防抹灰层干缩裂缝导致开裂和空鼓。

注意钢管柱的成品保护，防撞击、划痕等。拆、转运脚手架和铁脚手板时须小心避免划伤已施工好的钢管柱。

在已施工完的钢管柱内侧焊接一排防护栏杆，既起到保护临边洞口的目的，又可以很好地保护钢管柱，以免内部作业对钢管柱成品的意外破坏。

3.15 低压喷涂绿色高效防水剂施工技术

建筑防水工程是建筑工程的一个重要组成部分，建筑防水技术是保证建筑物和构筑物的结构不受水的侵袭，内部空间不受水的危害的专门措施。建筑防水工程是决定建筑工程能否正常使用的关键，做好建筑防水是至关重要的。

我国建筑工程的防水做法分为构造防水和材料防水两大类。目前，国内防水材料使用有很多不足：耐久性差、易破坏，工序复杂、质量难保证，施工人员人工成本高，需要找平层、保护层，施工周期长，与建筑物基层结合差、易窜水等。针对目前情况，一种新型绿色高效防水剂施工技术应运而生，该技术具有简易、快捷、防水性能好等优点，有效地解决了部分防水材料自身的抗污染性差、易老化、使用寿命短等缺陷。提高了工期，同时保证了工程质量，节省了工程成本。

3.15.1 创新点

1. 独特、先进的防水原理技术

能够集憎水性、亲水性与吸水性的湿气阻塞机理于一体。它的低黏度使其能轻易地渗透入混凝土结构深层，并起一系列反应，从而产生杰出的防护性能。它赋予混凝土表面卓越的排斥性，增强了水或其他液体的表面张力，阻挡水（其他液体）通过毛细管渗入混凝土。再经由结晶程序，在混凝土的毛细管内就阻止了水和湿气的活动。形成的结晶既有亲水性又有吸水性，因而具有双重阻湿作用。在潮湿环境中，和湿气接触情况下，防水防护剂的吸水作用就令结晶膨胀，并填充孔洞，从而阻止湿气的蔓延。因结晶体永久地阻塞封闭了湿气及水分传递的途径，从而彻底地阻止了水从各个方向的渗透，就如同一种隐伏性的保护体，永久地保护混凝土基体。

2. 安全、环保型绿色无机防水材料

所施工产品为水性产品，无毒、无味、无挥发物，不燃，确保防水施工过程中及后期正常使用中的安全性、环保性。无自身老化寿命问题，同时其反应物属于惰性物质，能有效抵抗酸碱盐类有害介质的侵蚀反应。

3. 简易、快捷的防水施工技术

在生产工厂已调配好，现场直接使用，使用低压喷涂，免找平层及保护层措施，可在潮湿基面上直接施工，工序简单，效率高；迎水面或背水面均可施工。一经喷洒或涂刷在混凝土、水泥等表面，便迅速渗入其内部，不易破坏。工序搭接周期短，施工完毕后即可允许人员、车辆通过，同时也可进行下一道工序施工。提高施工效率、降低施工难度及人工成本。

3.15.2 关键技术措施

绿色高效防水剂材料通过其特殊小分子结构，渗入混凝土内部几毫米，并与已水化的水泥发生化学反应，从而在毛细孔壁上形成牢固的憎水屏障，使水分和水分所携带的氯化物都难以渗入混凝土，大大提高混凝土制品的防水性和综合性能。将防水剂喷洒或涂刷在混凝土、水泥等表面，便迅速渗入其内部，产生脱水交联反应，形成网状高分子聚合物，堵塞水分蒸发时产生的大于水分子的毛细管道及微孔；形成不溶于水的结晶颗粒，同时与混凝土、水泥制品牢固结合成一体，从而增加制品的密实度、表面抗压强度，产生高效的防水抗渗性及强烈的憎水性，并保持制品的透气性，最终达到永久防水的效果。

1. 施工准备

（1）材料有合格证、检验报告单，并出示给甲方、监理；

（2）进场的材料经抽样复检，技术性能应符合质量标准；

（3）熟悉和会审图纸，掌握和了解设计意图，收集该品种材料的有关资料；

（4）向操作人员进行技术交底和培训；

（5）确定质量目标和检验要求；

（6）掌握天气预报资料，合理安排进度及工期；

（7）按施工要求准备所需机具；

（8）渗透结晶型防水涂料应在气温不低于5℃、最好在5～35℃时进行施工；

（9）防水涂料及配套材料进场后应按规定取样检验，其性能指标应符合要求。

2. 基层处理

基层处理基本平整，颜色自然，阴阳角的棱角平整顺直。表面需干净，去除所有涂料、封闭剂、油污、固化剂、隔离剂等可能阻碍高效混凝土防水剂渗透的物质。用砂纸、刮刀、切割机、砂轮机等去除附在混凝土表面的物质（浮土、未固化的水泥，水泥流淌印迹等），切割并磨平凸起的混凝土，切割凸出的钢筋，清理浮物，去除墨迹等，不允许有灰尘、浮渣等杂物。若有蜂窝、麻面、开裂、酥松等缺陷，则应事先修补好。地下室外墙施工前需将迎水墙面的穿墙螺栓孔钢筋割掉，用宽约5cm×5cm，厚1cm的水泥砂浆封实。施工表面需没有明显积水，可以在湿润的表面施工。

混凝土保护剂对0.2mm以下的裂缝可直接阻止水的渗透，超过0.2mm的裂缝要经过结构环氧树脂灌浆处理（图3-54、图3-55）。

3. 溶液摇晃均匀

为能达到最佳防水效果，在绿色高效防水剂使用前，将防水产品搅拌均匀，剂量较大时用机械搅拌，剂量较小时轻摇容器使溶剂溶解即可，使防水剂各成分均匀分布。

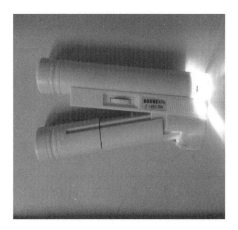

图 3-54　裂缝测量图　　　　　图 3-55　150 倍读数显微镜观测

4. 喷涂工具准备及施工条件

（1）工具准备：高效混凝土防水剂喷涂以使用低压喷雾器为宜（图3-56）。根据承担的作业类型，可选择不同的工具。

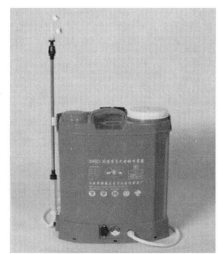

图 3-56　低压喷雾器

（2）施工条件：施工区环境温度可为 4~50℃，混凝土表面温度不低于

2℃；相对湿度在10%~90%之间。尽量不要在强阳光、狂风、雨天或恶劣天气时施工。如果要在强阳光下施工或在施工面温度接近施工上限温度时，则应先将表面喷水降温，然后再喷高效混凝土防水剂，防止在溶液渗透进混凝土前变干。喷涂作业面不应有其他工种交叉施工或有相邻处的粉尘污染，操作面上不应有施工通道。当雨水或其他水流过表面时或当表面有水坑时不应施工。

5. 喷涂用量选取

应用于新建混凝土表面或水泥砖、水泥砂浆涂抹层时，其用量为8~10m²/L。对存在特殊问题的地方，因混凝土表面的孔隙度不同，根据情况调整材料用量。

6. 溶液喷涂

用低压喷射器喷涂在混凝土表面，在平面采用每人控制一定范围，左右均匀喷涂，在垂直的表面要由上而下均匀喷涂，平立面搭接处或两名施工人员搭接处，须有15cm左右的喷涂搭接为最佳。喷涂前应检查施工面，不要有积水，喷涂时应使施工面出现水迹现象即可（最好保持10s的湿润，如果某处干得较快，再喷涂一遍）。

绿色高效防水剂涂刷后正常的渗透时间为1~2h。天气干燥时，可在喷刷溶液后1h在混凝土表面轻喷清水，以使溶液更好地渗入。30min后，便可允许轻度触碰。处理后3h或表面干燥时，多数情况下地面便可行走。在处理12h后，斜坡下面的基础部分可以用土回填。喷涂4~12h后，清洗干净表面的浮出物后便可进行其他装饰作业，施工时应连续喷涂，使被涂表面材料饱和溢流。在立面上，应自下而上进行喷涂，垂流长度为15~20cm，应使被涂表面有5s保持湿润状态。喷涂两遍，两遍之间的间隔时间为6h以上。绿色高效混凝土防水剂的渗入会使混凝土内的杂质如油脂、酸、过多的碱、盐等浮至表面，可用水冲刷直至杂质被洗掉为止。

细部构造的防水处理做法：防水层的细部施工比较复杂，是防水施工的薄弱环节，如果处理不好就会导致渗漏，所以在阴阳角、穿墙管等细部构造的施工中心须慎重考虑设计方案、认真施工，以确保防水层质量。

（1）阴阳角喷涂：平面与立面防水材料的附加层应留在平面上距立面不小于300mm处。施工顺序为先喷涂附加层，再进行大面积喷涂。

（2）除原有的防水层外，应加铺两层抗拉强度高的防水材料，以加强变形缝部位的抗拉抗裂性能。

（3）穿过结构防水层管道：穿过结构防水层的管道，安装时加止水环。沿周边处凿出混凝土凹槽10mm×（5～8）mm，在凹槽内先用密封胶专用基面处理剂涂一遍，未留凹槽时，应在管周围转角处加宽250mm加涂渗透结晶型防水涂料两遍，作附加增强层。

施工完毕后，清理施工现场，将剩余材料按照相关规定进行处理，以免造成环境污染。喷涂完毕后，进行自然养护。

3.16　地下室梁板与内支撑合一施工技术

随着城市建设的快速发展，地下空间越来越受到重视。同时，深基坑工程呈现出数量多、规模大、深度深、周边环境复杂等特点，特别是在城市核心区域，保证深基坑安全可靠，是深基坑设计与施工的重点。

在地下室结构施工中，通过采用"地下室梁板与内支撑合一施工技术"，可有效解决现场狭窄、分期施工及支护桩水平支撑梁板等条件下的基坑支护技术难题。

3.16.1　创新点

（1）在多层地下室分期施工时，在基坑围护桩不便设置水平支撑梁的情况下，以工程主体永久性钢筋混凝土结构梁兼作水平支撑梁，操作简便。

（2）与传统的施工方法相比，其既可用于正作法施工，也可用于逆作法施工，工程中较常用于逆作法施工。

（3）地下室有汽车坡道时，汽车坡道可暂不施工，在轴线位置上设置水平钢支撑，钢支撑至外墙，在外墙与围护桩间设置水平支撑梁。

（4）整个施工过程不再单独设计水平支撑梁，能满足工程设计和国家施工验收规范要求，安全可靠，节省工期，经济效益明显。

3.16.2 关键技术措施

（1）土方开挖至梁顶下 1500mm 处（挖土深度根据顶板梁与下部柱墙节点插筋长度而定），而后接着施工顶板梁（兼支撑梁），设置支撑、支模、绑扎钢筋（包括墙、柱、梁、板下预留插筋等）。

（2）顶板梁外端支座为冠梁顶与围护桩，结构梁板与围檩同时浇筑混凝土，并预留墙、柱、梁、板钢筋。待混凝土达到设计强度后，拆除模板支撑（图 3-57）。

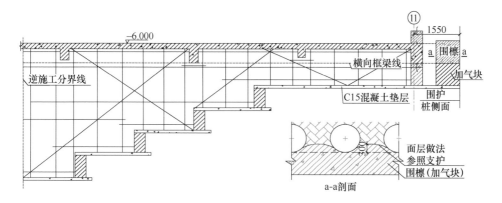

图 3-57　模板支撑

（3）楼面梁（兼支撑梁）剖面如图 3-58 所示。

（4）采用该技术施工，必须经设计部门同意，并在其支持和配合下实施。施工单位应按设计图纸中提供的有关技术参数和要求，编制施工方案，并在征得设计部门同意后组织施工。

（5）施工依据：国家现行相关施工验收规范、规程及采取本技术施工的设计图纸和业主、监理的有关书面文件。

（6）施工方法。

1）施工准备。

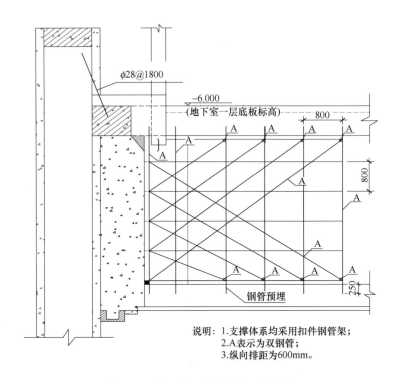

$\phi28@1800$

-6.000
(地下室一层底板标高)

800

800

250

钢管预埋

说明：1.支撑体系均采用扣件钢管架；
2.A表示为双钢管；
3.纵向排距为600mm。

图 3-58　楼面梁（兼支撑梁）剖面图

施工前充分做好各项准备工作，并在具备以下条件后方可开始挖土：

① 土方开挖前，桩基工程围护桩工作完成并验收合格；

② 基坑内设置井点降水，确保地下水位降至地下室底板以下 0.5～1m。

2）熟悉现场，了解基坑周边情况及容易发生险情的位置、地下管线的分布等，会同业主、监理等测定场地原始标高，校验基准点，并进行施工图纸、施工方案、安全措施等技术交底。

3）修整现场运土道路，准备厚钢板若干块，以用来铺垫车辆出口处，防止损坏路面及地下管线。

4）土方工程。

土方开挖在地下水降至期望水位后开始，基坑应分多区段多层次机械挖土，每层挖土深度均至各结构层梁底下 1000mm 处（根据设计竖向插筋长度确定），尽量减少梁下第一层土的厚度，以便减短结构梁（支撑梁）下的支撑长度。

最后一层挖至底板垫层下，各层结构梁（兼支撑梁）开始挖土时间必须控制在其抗压强度达到原设计强度的100%后进行。

采用小型挖掘机多机作业，自卸汽车及塔式起重机配合。各层机械挖土须在专人指挥下谨慎操作，不得碰撞所保留的支撑系统。

安排专职测量人员严格控制各层开挖标高，开挖前在基坑周边设置控制网点，开挖中跟踪测量，开挖后复测。

在大型降排水措施效果不好的情况下，要认真观察、处理好以下方面的问题：

① 如前期工程勘探后未堵钻探孔，开挖中发现地下水自钻探孔上涌，应及时挖排水沟引流至集水坑内抽排；在出水量较多的孔内安放一节混凝土渗水管，其内放置水泵抽水，或采用注浆法快速封堵。

② 若基坑底出现管涌、流砂等情况，应及时采用麻包装土镇压，并增加集水井等进行降水。

在土方开挖中，应派专人观察支护系统和止水帷幕，发现渗漏点要及时引流或修补；问题严重时，应由相关部门出具方案，采取其他有效措施弥补。

挖掘机在沿基坑边开挖时，须谨慎操作，严禁碰撞、扒挖支护桩体，支护桩边预留30cm原土采用人工清理。

基坑内的降水井应插上明显的警戒标志，以防挖掘机碰撞和挤压降水井及钢管立柱支撑。

5）轴线标高精度控制：轴线允许偏差控制在3mm以内，标高控制在±3mm以内，施工中要求对支护桩、格构柱、支撑梁作沉降和位移观测监控。

6）钢筋工程。

因梁与板、墙、柱混凝土分两次浇筑，在结构梁（支撑梁）施工中，必须高度重视梁与各构件交接节点的钢筋预插工作，其规格、下料长度、预插部位必须准确，间距均匀，纵横垂直；插筋长短的预留要符合规范及设计要求，相邻跨必须为长接短，且在同一控制直线上。在浇筑混凝土前要反复检查，不得漏插漏埋，应特别注意防爆钢板等有人防要求的预埋件。

加强对预插钢筋、预埋件的保护。所有预插外露钢筋均采用塑料管护套，护套两端采用防水材料封闭。在土方分层开挖中，尤其要注意防止机械碰撞。

钢筋接头采用直螺纹套筒连接，连接钢筋的下料长度要准确，要统一编号，对号入座；直螺纹接头一头用正丝，另一头用反丝。柱钢筋连接时，先套入箍筋，再连接立筋；现浇板钢筋连接从连接端开始，分层绑扎。

7）模板工程。

根据该技术中插筋较多的特点，支模须选用木模板，以便于预插钢筋打眼钻洞。木模板制作应拼缝严密，便于组装及拆除。内墙柱采用 $\phi14\text{mm}$ 对拉螺栓加固，外墙柱采用 $\phi14\text{mm}$ 带止水环的对拉螺栓加固，支模时直埋，不得预埋塑料套筒。

后浇柱或墙模板与先浇结构梁（支撑梁）施工缝处的模板要包梁，支设高度超越梁底不少于 200mm，并在支撑梁下 500mm 处的模板一侧支设成喇叭口状（图 3-59），以便于浇筑混凝土。在柱中部留置振捣口，以便于混凝土分节振捣，给下道工序做好准备。

8）混凝土工程。

采用商品混凝土浇筑，外加剂为 10％膨胀剂和高强聚丙烯抗裂抗渗纤维（掺量 1kg/m^3）。

混凝土浇筑前，对施工缝处必须按要求作打毛处理，并刷洗干净。柱、墙与支撑梁节点处的混凝土浇筑高度，要保证超过支撑梁底 150mm（振捣密实后的高度），混凝土到达预期强度后，再指定专人将多余部分凿平。

在结构梁（支撑梁）施工时，为了使混凝土提前达到原设计强度，缩短混凝土强度增长龄期，以便尽快开挖下层土，经设计同意，采取提高混凝土强度等级的措施，缩短了整体工程工期。施工时要预留与结构同条件养护试块，以便为拆除梁下支撑和拆模提供依据。

9）防水处理：该技术除对柱、梁、板、墙混凝土之间刚性节点处理要求

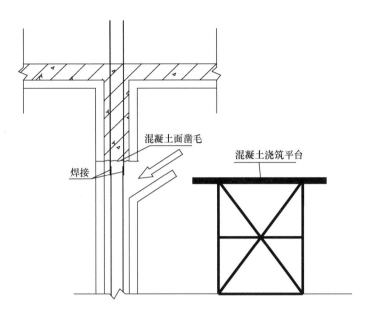

图 3-59 内墙与梁混凝土浇筑方式示意图

较高外，外墙柱与结构梁（支撑梁）施工缝处要求预埋遇水膨胀橡胶止水条，作防水处理。

10）支撑系统。

在该技术中，梁板下均采用 ϕ48mm×3.5mm 钢管扣件支撑，其支撑纵横设置密度必须经计算确定。格构柱垂直支撑在梁下设置的根数由设计决定，下端以承台支承；钢管支撑随施工进度在各层梁底截断，标高必须准确无误。

各土层在设置垂直支撑前必须夯实。立管下满铺不小于 50mm 厚的木垫板或 12 号槽钢板，采用水准仪跟踪监测，发现沉降及时处理。

4 专项技术研究

4.1 大型地下室综合施工技术

该综合技术属于工程建设行业的地基与基础施工技术领域，主要应用于超高层建筑施工中地下室工程的施工，特别适用于具有深基坑支护、大直径桩、超厚大体积混凝土、大截面钢管混凝土、超厚劲性剪力墙等较高技术问题的建筑工程的施工。地下室综合施工技术以深圳京基 100 项目地下室工程施工为案例进行解析，主要包含以下几个方面的内容：

（1）5.6m 超大直径 C50 混凝土灌注桩施工技术。

（2）4.5m 厚 3800m² C50 大体积混凝土底板施工技术。

（3）2.7m×3.9m 超大截面 C60 混凝土箱形钢管柱施工技术。

（4）1.9m 超厚 C80 劲性剪力墙施工技术。

（5）23.3m 深 32000m² 超大基坑支护技术。

（6）地下室底板滤水干燥型防排结合施工技术。

（7）基坑支护桩背水面防水排水施工技术。

4.1.1 创新点

（1）5.6m 超大直径高强混凝土灌注桩施工技术。该工程人工挖孔桩的直径最大的达到 5.6m，对于爆破、钢筋绑扎、混凝土浇筑及温度控制、桩身完整性检测等均无完善的经验。

（2）4.5m 厚 3800m² C50 大体积混凝土底板施工技术。该工程的底板超厚超长超宽，混凝土强度达到 C50，如此高强度的大底板在国内罕有，混凝土内部的水化热极大，消除混凝土内部裂缝是施工的关键。钢筋用量大，上部有两层极重钢筋，钢筋及后续混凝土施工的安全是应重点考虑的问题。

（3）2.7m×3.9m 超大截面 C60 混凝土箱形钢管柱施工技术。该工程的箱形钢管尺寸大，如何控制钢筋的接头位置、如何保证混凝土的浇筑位置与钢结构焊接施工的协调、如何控制混凝土浇筑对钢板的残余应力、如何防止混凝土内外温差过大产生温度裂缝是应重点考虑的问题，现在的施工技术文献尚无此方面的成熟经验。

（4）1.9m 超厚 C80 劲性剪力墙施工技术。该工程劲性剪力墙厚度大，内部钢骨为王字形或十字形，暗柱配的钢筋密集，暗柱钢筋与劲性钢骨的协同工作是施工的一个重点，连梁钢筋与劲性钢骨的连接是一个难点。

（5）23.3m 深 32000m² 超大基坑支护技术。该工程基坑总深约 23.3m，面积较大，较保险的支护方式是排桩加内支撑支护，但这样将影响土方开挖的工程进度，费用也较大，因此拟采用排桩加预应力锚索支护方式，但该方式需要确保基坑的变形安全。

（6）地下室底板滤水干燥型防排结合施工技术。地下室设计一般采用刚柔结合的两道防水施工，问题在于柔性防水层施工费用较大，时间较长，使用寿命有限，过了防水材料的使用寿命，部分地下室会出现较严重的渗漏情况。因此，我们通过止水帷幕止水加底板排水系统，完善地下室防水效果。

（7）基坑支护桩背水面防水排水施工技术。该工程采用支护桩作为地下室外墙，但如何保证外墙不渗漏是技术上尚不成熟之处，如果发生了渗漏，如何有效排水也无有效办法。

4.1.2 关键技术措施

1. 在狭窄场地完成了超高层基础的施工

工程地处深圳市商业中心区，寸土寸金，场地狭窄，现场采取以下措施保证了超高层基础施工得以顺利进行：①采用支护结构作永久地下室外墙，减少基坑开挖面积，为施工争取尽可能多的场地。②通过对坑边土体局部加固补强，满足了在高边坡上 400t 汽车式起重机的使用要求，顺利完成了 M900D 塔式起重机的安装。③通过在坑边增加一定数量的人工挖孔灌注桩，将主体结构施工用的塔式起重机安装到基坑上口，减少了对主体结构施工的影响。④基坑支护采用了坑底土台增加基坑刚度。该工程基坑支护主要采用人工挖孔桩加预应力锚索结构，开挖深度大，南北方向基坑支护长度大，为了确保基坑开挖的稳定性，决定分别在东西两边的基坑支护中段增加一个土台，目的是减小基坑支护的单边长度，增加基坑支护的刚度，减小基坑支护的变形。土台南北部位相邻的钢筋混凝土底板施工完成后，方可开挖土台处的土方及桩基。

2. 对超大直径人工挖孔桩采取了有效的质量控制措施

工程人工挖孔桩直径为 $3.5 \sim 5.6m$，属国内罕见的人工挖孔桩（图 4-1），施工中采取以下措施进行质量控制：①由于单桩底承载力高达 $12000kPa$ 而持力层裂隙发育，破碎严重，采用了底部面积扩大及增加钢筋网片等措施保证桩端承载力满足设计要求。②对于超大直径的钢筋笼，采用了原位绑扎方法及合理的安装顺序保证了钢筋笼的质量（图 4-2）。③对于距离较近的桩，采取了混凝土同时浇筑、控制浇筑高度的办法保证了桩间土体的安全。④对于 C50高强度大体积混凝土，采用了保温测温措施控制大体积混凝土质量，杜绝超大直径桩内部产生温度裂缝。

图 4-1　超大直径人工挖孔桩施工　　　　　　图 4-2　桩钢筋原位绑扎

3. 高强度大体积混凝土施工裂缝控制技术

工程主要采取以下措施保证底板高强度大体积混凝土的质量：①大底板混

凝土采用 90d 强度。为了最大限度地降低混凝土的中心最大绝热温升，决定增大混凝土的粉煤灰掺量，充分利用粉煤灰混凝土的后期强度，经过多次试配及专家论证，确定了优化后的 C50P10 混凝土配合比总的胶凝材料用量为 400kg/m³，其中水泥用量仅为 200kg/m³，强度验收龄期为 90d。②采用缓凝技术使混凝土的初凝时间达 20h，保证了大面积施工的连续性和混凝土的完整性。③采用了保湿养护措施。为减少混凝土蓄水养护对后期施工的影响，采取了两层塑料薄膜加两层麻袋的养护措施，在控制大体积混凝土温度的同时，有选择地进行后期的测量放线及主体结构施工，与采用蓄水养护相比，加快了工程进度（图 4-3、图 4-4）。

图 4-3　底板混凝土收光

图 4-4　覆盖养护

4. 箱形钢管混凝土柱钢板残余应力的控制

由于箱形钢管混凝土是受力较为不利的一种截面，在混凝土浇筑过程中，因为混凝土的自重及施工荷载产生的侧压力会在柱壁钢板中产生应力，这种应力在钢管柱未承载时就已产生，对于后期钢管柱的承载是不利因素，对这种残余应力进行合理控制才能保证结构永久受力的安全。经过与建设、设计单位协商，项目部要求合理控制混凝土的浇筑高度，使混凝土浇筑过程中对钢管壁侧压力产生的应力不要超过钢材强度的 20%。项目部委托哈尔滨工业大学，对最不利的钢管柱进行了有限元分析计算，最终确定钢管柱混凝土一次最大浇筑高度不能超过 8m，采取这种残余应力控制措施保证了结构永久受力的科学合理性。

5. 地下室底板采用防排结合施工技术

由于工程工期紧，且本工程基坑周边止水措施较好，基坑中地下室水量小，地下水对钢筋混凝土无腐蚀性。项目部建议在施工中通过加强混凝土底板刚性防水层质量，并适当在底板中采取排水措施的办法，取消地下室底板底部的柔性防水层施工，以加快工程进度，保证工程质量，该建议得到了设计和建设单位的接受并顺利实施。为保证地下室的正常使用功能，项目部相应地采取了以下技术措施：①基坑支护时设计了水泥搅拌桩止水帷幕及人工挖孔桩咬合做法，减少了涌入基坑中的总水量。②对于地下室的后浇带和施工缝，我们采取了超前止水带和遇水膨胀止水条止水，对于保证地下室底板刚性防水层的效果有重要作用。③在建筑层内设置了排水暗沟，将可能有的地下水通过暗沟引流至排水明沟和集水坑抽走（图 4-5）。④在建筑层内采用塑料薄膜设置了防潮层，保证地面干燥（图 4-6）。

图 4-5　底板建筑层回填及排水沟施工　　　图 4-6　地下室底板防潮层施工

6. 取消了地下室外墙

由于工程桩采用排桩支护，因此，设计之初就考虑将工程桩作地下室外墙使用，取消地下室结构外墙，以达到节省成本、加快进度之目的，也节约了钢材、水泥等材料，有力地促进了本工程的绿色施工。为实现这一目标，项目部采取了以下技术措施：①在支护桩施工之前在基坑四周做了水泥搅拌桩，施工支护桩时采用了二序桩施工办法，减少了进入基坑中的总水量。②在支护桩的背水面采用快速堵漏剂进行堵漏，并采用纳米防水材料进行防水施工。③在每层支护桩的根部设置了排水沟、排水管，将可能有的渗水引至地下四层的集水坑抽走。④设置了排水管检修孔和检修层，可以方便清理地下一至三层的排水堵塞情况，也可以对地下四层渗漏严重部位进行防水修补（图4-7、图4-8）。

图4-7 地下室外墙人工咬合支护桩防水　　图4-8 地下室装饰外墙施工

7. 采用综合检测技术控制工程质量

工程的绝大部分结构非常重要，必须有可靠的检测技术来保证和验证施工的质量，施工中主要采取了以下检测技术：①对基坑支护结构进行了综合监测，如进行了基坑水平位移、基坑沉降量、支护桩钢筋应力、预应力锚索应力、支护桩倾斜度等指标的监测。②对人工挖孔桩底部爆破振速进行了监测。由于部分桩成孔合格后需先行浇筑，而后续的桩需要继续成孔，因而需要考虑爆破对周围新浇桩混凝土的影响。项目部进行了桩底爆破对相邻桩振速影响的测定，并根据测定结果确定了混凝土的质量保证原则。③大直径桩采用12根超声波管检测完整性，保证了桩身全断面混凝土密实度检查。④对超大直径桩、超厚高强混凝土底板、超大截面箱形钢管混凝土、超厚剪力墙等大体积混凝土，采用了电子测温仪对混凝土进行实时监控，并采取有效措施成功控制大体积混凝的温度裂缝。

4.2 高精度超高测量施工技术

在超高层结构施工中，建筑高度增加受制于测量仪器的测量精度要求，测量传递次数增加，若仅采用传统的层层传递的测量控制方法，会出现累积误差严重超限的问题。另外，因为超高，建造过程中建筑物自身摆动以及风载、温度等对结构影响变形均会放大，结合起来，相当于是利用一套误差逐渐变大的主控点控制一个时刻变化的结构，整个工程的测量控制将是一个非常混乱失控的状态，在超高层结构施工过程中必须对上述问题进行综合考虑分析，有效地避免上述问题的影响。

4.2.1 创新点

（1）各个主控制点必须能够闭合，以便于在传递之后能够互相校核，保证控制两点传递精确，避免个别点传递误差造成整体控制误差。

（2）西塔、京基项目分为混凝土核心筒和外框钢结构两大部分独立组织施工，而最终两大部分的测量定位必须统一，控制点布置时考虑能同时满足两大部分的测量工作需求。

（3）测控点能够非常便利地传递到各个工作面，以进行细部构件测量放线工作（比如能顺利传递至顶模平台上）。

4.2.2 关键技术措施

1. 平面控制网建立

根据核心筒墙体变化，为了减少由于楼层相差层数过多，在核心筒操作层与设有测量中转控制点的楼层之间加设临时中转控制点，待外框楼板施工至设有临时中转控制点的楼层时，再将其转移到相应的楼板上。

2. 测量放线控制

内筒核心墙钢柱，现场利用四个角控制点，在钢柱上放置仪器，采用后方交会法确定仪器点的坐标位置，然后对内筒钢柱进行测量校正。

3. 外控法控制钢柱的位置

利用内筒外墙四角钢平台测量，直接架全站仪测量外筒钢柱。

4. 钢柱标高控制测量

将首层的测量控制点引测到悬挑架钢平台上，对该层被引测的四个平台上的测量控制点闭合平差，符合规范后，采取防护措施，保护好平台上的测量控制点。每次测量，利用平台上的控制点对钢柱进行测量校正。

在外筒混凝土楼面上预留激光点孔洞，每 10～11 层中转一次控制点钢柱顶面，在钢柱上架设仪器，根据下方传递上来的控制点数据，采用后方交会法得出仪器点坐标，再对各钢柱进行测量校正（图 4-9、图 4-10）。

图 4-9　坐标点接收　　　　　　　　　图 4-10　竖向投点

4.3　自密实混凝土技术

随着工程建设的飞速发展，高性能混凝土正逐渐成为近期混凝土技术发展的主要方向，国外学者曾称之为"21世纪混凝土"。由于高性能混凝土具有综合的优异技术特性，引起了国内外材料界与工程界的广泛重视与关注。免振捣自密实混凝土正以其较高的工作性能、良好的抗离析性能及填充性能的优势逐渐被工程所采用。尤其适用于薄壁、钢筋密集、结构形状复杂、振捣困难的结构以及对施工噪声有特殊要求的工程。

4.3.1 创新点

（1）掺入一定量的高炉矿渣和硅粉代替水泥用量，从而达到提高混凝土保水性和黏聚性的目的，解决高流动性和抗分离性的矛盾，即混凝土在高流动性下不离析、稠度适当，从而提高间隙通过性和填充性。

（2）对混凝土含气量进行严格控制，含气量控制在 2%～3%，保证了混凝土浇筑时的密实度。

（3）在进行自密实混凝土施工时，对混凝土搅拌、运输、浇筑及养护等，制订专门的混凝土施工方案，区别于普通混凝土的施工，施工工艺有针对性。

4.3.2 关键技术措施

1. 运输要点

（1）罐车装入混凝土前应仔细检查并排除车内残存的刷车水。

（2）自密实混凝土的运送及卸料时间控制在 2h 以内，以保证自密实混凝土的高流动性。

2. 浇筑要点

（1）检查模板拼缝，不得有大于 1.5mm 的缝隙。

（2）泵管使用前用水冲净，并用同配比减石砂浆冲润泵管，以利于垂直运输。

（3）卸料前罐车高速旋罐 90s 左右，再卸入混凝土输送泵，由于触变作用可使混凝土处于最佳工作状态，有利于混凝土自密实成型。

（4）保持连续泵送，必要时降低泵送速度。

（5）自密实混凝土浇筑时，尽量减少泵送过程对混凝土高流动性的影响，使其和易性能不变。

（6）浇筑过程中设置专门的专业技术人员在施工现场值班，确保混凝土质量均匀稳定，发现问题及时调整。

（7）应自下而上顺层浇筑，对于一些角落应优先浇筑，浇筑时在浇筑范围内尽可能减少浇筑分层（分层厚度取为1m），使混凝土的重力作用得以充分发挥，并尽量不破坏混凝土的整体黏聚性。

（8）使用钢筋插棍进行插捣，并用锤子敲击模板，起到辅助流动和辅助密实的作用。

（9）自密实混凝土浇筑至设计高度后可停止浇筑，20min后再检查混凝土标高，如标高略低则再进行复筑，以保证达到设计要求。

4.4 超高层导轨式液压爬模施工技术

针对普通的建筑项目，模板工程的传统施工工艺可以满足其施工要求，但对于超高层建筑，传统工艺就显现出其缺点和不足，脚手架的搭设拆除、大量木模的铺设及楼层周转等在超高层建筑建造过程中会带来许多麻烦，因此提出一种导轨式液压爬模的施工方法。超高层导轨式液压爬模施工技术是指依靠附着在混凝土结构上的底座，当新浇筑的混凝土脱模，钢筋安装完成后，以液压油缸为动力，以导轨为爬升轨道，将爬升装置向上爬升至预定位置，合模浇筑混凝土，反复循环作业的施工工艺。

4.4.1 创新点

（1）该技术特别结合超高层建筑的特点，克服了处于高空、风力大、墙体变截面较多、墙体中有钢结构构件伸出、现场对塔式起重机的依赖性较大、需要实现施工电梯平台的同步爬升等困难，对爬模系统的模板设计、布料机布设、墙体变截面施工、施工测量、混凝土养护、施工电梯平台搭设、爬模系统风荷载应对等问题进行了针对性的规定和处理，与传统的高层爬模比较，对超高层建筑墙体的施工具有更强的针对性。

（2）将爬模系统用作液压施工电梯平台，实现了平台的自爬升，方便了施工电梯附墙系统的安装。

（3）架体爬升遇到墙体截面变化时，则根据截面变化数据进行爬升行程设计，利用在导轨的导向固定座上加装经过计算设计的加高件，实现了爬架在变截面情况下的使用，解决了爬架的斜向爬升。

4.4.2 关键技术措施

1. 混凝土布料机固定在爬模架上

在进行爬模设计时必须考虑混凝土布料机的位置和荷载，并对爬升系统及布料机承载构件进行专项设计，这一措施可以保证布料机始终位于爬模架体之上，不用进行多次的拆除和吊装，减少了工程对塔式起重机的依赖。

2. 对牛腿等钢结构构件的特殊设计

对于墙体的牛腿等钢结构构件，必须在爬模设计时一并考虑，该构件突出墙体混凝土表面的距离不能超过模板的可移动距离（400～600mm），同时在钢结构构件下部的模板应设计成可拆卸活动模板，即保证爬模架爬升时，仅需拆除该活动模板，而无须将模板退至最后。

3. 对墙体变截面部位的处理

当墙体变截面时，应采用增加钢垫板的方法实现架体爬升时的过渡，而且在架体爬升时，应采用捯链将架体适当倾斜，以实现架体的缓慢过渡。架体的倾斜角度应征得架体设计人员的同意。

4. 施工测量措施

在超高层建筑施工中，每超过 10 层或 50m 进行一次测量控制点的转换，每超过 5 层应进行一次标高控制点的转换，该做法比传统的高层测量施工要求更高，更有利于控制模板系统的垂直度和建筑物的高度。

5. 对混凝土养护的要求

由于超高层建筑处于高空，风力很大，模板爬升后混凝土墙体处于高风力环境中，因此对模板下口应悬挂防火地毯，以保证拆除模板后的混凝土处于良好的保湿环境中，起到良好的养护效果。该方法优于普通的浇水养护，又能避免采用隔离剂养护带来的不利后果。

6. 对于架体立网的处理

在超高层建筑中，架体的立网应采用 10～30mm 网眼的钢板网，而不能采用密目安全网，以确保架体所受风力最小，对架体的安全受力非常有利，同时又能防止临边坠物，有较好的临边防护效果。

7. 液压施工电梯平台解决施工人员上下

可采用液压施工电梯平台解决爬模系统人员上下使用问题，施工人员通过施工升降机到达液压施工电梯平台，再通过液压施工电梯平台上架设的爬梯进入爬模系统的最下层平台，液压施工电梯平台应与爬模系统同步爬升。

4.5 厚钢板超长立焊缝焊接技术

随着各类特大型复杂钢结构工程的涌现，国产 Q390D、Q420D 等低合金钢超厚板也开始大量使用，各种高强度材质、异形复杂截面构件的现场焊接也越来越多，焊接难度越来越大，特别是多杆件汇交形成的复杂节点构件。为满足节点构造和现场安装要求，一些超长、超厚焊缝在施工现场进行焊接也就在所难免，而这类焊缝的高强钢材可焊性程度、焊接参数、焊接应力和变形控制等受现场条件、焊接位置与焊接环境影响，存在较多的不确定因素，尚无成熟的规范及焊接工艺参数作参照。

总用钢量达 12 万多吨的中央电视台新台址主楼就是目前众多复杂钢结构中均具代表性的钢结构工程之一。其主塔楼外框钢柱具有双向倾斜、截面大、板厚、材质强度高、节点十分复杂的特点，基于结构受力要求，部分外框钢柱分节后的单节质量达 120t，超出现场吊装设备的起重能力。为满足设计和吊装要求，需要将钢柱部分箱体或牛腿与主体分离加工，现场高空组拼焊接安装。

4.5.1　创新点

在钢结构安装、焊接领域，双向倾斜钢柱大部分为多箱体截面，因结构受力需要，部分钢柱分节后的单节重超出现场吊装设备的起重能力，而设计一般都要求钢柱不能再分节，为满足吊装，需将钢柱的部分箱体或牛腿与主体进行分离安装、现场焊接。

（1）现场焊接长度较大，最长为 14.88m，焊缝连续填充量大，单条焊缝填充量达 0.55t。焊接时，每根钢柱需要同时成对焊接近 30m 的焊缝，大量的焊接热量集中，焊接应力和变形控制难度非常大，在国内钢结构安装焊接中极为罕见，尚没有先例可借鉴。

（2）焊接母材强度等级高，Q390D、Q420D 高强钢可焊性程度、焊接参数、焊接应力和变形控制等受现场条件、焊接位置与焊接环境影响，存在较多的不确定性因素，对于复杂钢结构方面，尚无成熟的规范及焊接工艺参数作参照。

（3）全部为斜立向位置、超长焊缝和超厚板的焊接，每组焊缝需要大量技术过硬的焊工昼夜连续集中施焊，在施焊过程中容易产生巨大的焊接应力，造成柱体变形、焊缝冷裂纹及母材层状撕裂等质量问题。同时，对人员、焊接设备组织和安全保障方面也有很高的要求。

（4）焊接为坡口全熔透一级焊缝，焊接工艺、焊接技术措施、质量控制手段和质量检查方面需要进行专家论证，制订有针对性的焊接工艺。

4.5.2　关键技术措施

（1）采用半自动 CO_2 气体保护焊机和药芯焊丝等先进设备和新型焊接材料，模拟实际工况进行焊接工艺试验，获取最佳的焊接参数。

（2）用计算机控制的电加热设备进行密集式焊前预热、焊中层间温度控制以及焊后热、消氢处理，不但能确保母材快速均匀升温与焊后同步降温，有效减少焊缝冷裂纹及母材层状撕裂的发生，保障连续施焊；而且工效高、安全，避免了大量火焰烘烤工的集中作业，节约了焊接时间和焊接成本。

（3）采取分段退焊方法和防变形分散约束加固措施，并在焊前、焊中与焊后用智能全站仪进行实时位形变化监测，及时调整加热能量，能有效防止较大的焊接变形产生，确保构件位形精度。

（4）焊后48h焊接探伤和15d后延迟裂纹探伤检验，进一步保障了焊接质量。

4.6 超大截面钢柱陶瓷复合防火涂料施工技术

普通钢结构钢柱钢梁截面高度均在1m以内，但随着超高层高度不断被刷新，钢柱截面不断被加大，如深圳京基100项目箱形钢管柱截面达到3.9m×2.7m，足有一个小房间那么大。根据以往的工程经验（如上海环球金融中心工程）及在深圳京基金融中心A座主塔楼工程前期所作的试验结果显示，采用国产的以水泥为粘结材料的防火涂料（以下简称水泥基防火涂料），当构件截面宽度超过1m时，防火涂料施工完成后很容易发生空鼓、开裂现象。同时，对于超大截面的钢柱，在外部施工时，由于其截面超大，很难直接在室内完成外墙施工，需要采取适当的安全设施才能保证施工的安全和工程质量。

4.6.1 创新点

（1）当钢柱截面超过1m×1m时，采用常规的水泥基厚型防火涂料就不能保证防火涂料不会发生空鼓或开裂现象，而采用该技术要求的陶瓷复合防火涂料，由于其采用的粘结材料为陶瓷、树脂、纤维的复合体，具有很强的粘结性能，因而能保证防火涂料与基层之间有良好的粘结效果，不会发生开裂及空鼓现象，这种材料是世界上最好的防火涂料。

（2）工程中普通水泥基防火涂料表面平整度普遍较差，如为了保证好的平整度就需要不断对处于未摊开状态的防火涂料进行涂抹，这样可能导致防火涂料的空鼓，而陶瓷复合防火涂料在1h内具有很好的施工性能，可以不受限制地在表面涂抹，从而可以保证表面平整度达到一般抹灰的要求（≤4mm/2m），为下一步在其表面做内墙腻子创造条件。

（3）普通防火涂料表面由于平整度偏差大而采取包铝板、石膏板等板材措施，增加了表面装饰层施工的费用，该技术要求的陶瓷复合防火涂料表面可以直接做内墙腻子及内墙涂料，降低了内装饰费用，节省了做板材所占用的空间。

（4）当钢板截面超大时，该技术要求在外部施工时应采用施工吊篮或附着式升降脚手架等施工设备来施工，保证施工人员的安全和施工质量。

4.6.2　关键技术措施

（1）涂膜涂布在表面后，随着水分挥发涂膜黏度增大，水分挥发完毕后成膜。陶瓷复合防火涂料一旦涂布在钢材表面上就进入成膜的第一个阶段，即水分的蒸发，该步骤由水的蒸汽相扩散控制；当水分蒸发完毕时，涂层中就仅留下聚合物、填料和其他主要成分。成膜的第二个阶段是聚合物胶粒的平整化和聚结过程，在这一阶段聚合物和填料将得到充分结合，并形成附着力良好和黏度很大的涂膜。影响这一重要阶段的因素有很多，其中温度过低或湿度过大，或风速在5m/s以上，或钢结构构件表面结露产生腐蚀时，都不利于防火涂料施工。温度低、湿度大会造成涂层干燥、成膜不充分；风速大，涂层粘结不牢。所以，当施工遇到大风、雨、雾等恶劣天气的影响时，要采取一定的防护措施，避免涂膜干燥初期大面积淋水。

（2）该技术施工工艺为：70号底漆一遍，防火涂料三遍。第一遍批抹不宜过厚，涂装5~7mm较为合适，待第一遍涂层彻底干燥凝固后可进行第二、第三遍批抹工序，第二、第三遍批抹工序厚度可加大到8~9mm。在温度20℃、湿度65%时，工序间隔为16h，可不必等其完全干燥，硬化后（防火涂料发白，轻按防火涂料有手印，但不下陷）即可进行下一次批抹；但是空气湿度大或是温度低则应适当延长间隔时间。

4.7　PVC中空内模水泥隔墙施工技术

PVC中空内模水泥隔墙作为一种新型墙体材料，具有质量轻、隔声效果好、施工速度快（节省工期）、防火性能好、节能环保、水电配管方便、经济效益好等特点。并可做成曲线形、弧形等各种形状，具有其他墙体材料不可比拟的优势，并且由于墙面挂设了钢丝网，解决了墙体开裂的通病，是国内轻质隔墙材料中颇具潜力的产品。

4.7.1　创新点

（1）质量轻，隔墙厚度小，节省结构空间，增加使用面积。

（2）隔墙隔声性能、防火性能好。

（3）施工方便：可拼接使用，施工中的边角料可回收利用，减少材料浪费，降低成本。

（4）可塑性好：使用该材料可任意弯曲，更适应异形墙体施工，尤其适合弧形、曲线形墙体。

（5）施工速度快：PVC中空内模隔墙在运输和施工方面，较混凝土小型空心砌块墙体快约4倍，大大缓解了建筑施工对垂直运输工具（施工电梯）的压力；操作简便，相比砌筑而言同样一层可节省工期1.5d以上。

（6）环保节能，无污染，不用黏土，节省国土资源。

（7）水电配管方便：可直接下到PVC模板沟槽内或采用壁纸刀切割墙板，施工方便，节约人工。

4.7.2　关键技术措施

（1）先在混凝土楼板上定位放线，再上下铺设槽形薄壁型钢固定件，用射钉按间距不大于500 mm进行固定。然后进行PVC模板安装，模板安装顺序为从原墙柱的一边依次拼装，相邻内模板之间通过18号镀锌钢丝绑扎固定，绑扎间距不大于 500mm。PVC 中空内模板组装完成后，及时安装各种管线及配件，管路应埋在模板凹槽内，待水电配套完成后，两侧满挂钢丝网，并用 18 号镀锌钢丝绑扎固定。

（2）门窗洞口处、阴阳角处、转角处、T 形墙节点处的特殊加固处理。在门洞口上加设 2ϕ6mm 钢筋作吊筋，在中间及两侧各设置一道，共三道，同时在门口上两角处 45°角加设 200mm×400mm 加强网，正手、反手都要加设。

（3）转角处加设 U 形加固件，与两侧中空内模用 18 号镀锌钢丝按间距 500mm 进行绑扎。PVC 模板两侧与平面墙一样满挂钢丝网，用 18 号镀锌钢丝与内模板按间距 500mm 绑扎，且阳角处钢丝网两边搭接 400 mm，即转向每边宽 200mm 后转进 PVC 板内与 PVC 板绑扎牢固（图 4-11）。

（4）用 1∶1 的水泥砂浆（加入 801 胶），均匀甩在中空内模表面，进行淋水养护。然后进行第一遍抹灰，待第一遍抹灰 4～6d、墙面有一定强度后进行第二遍抹灰，第二遍抹灰按设计要求抹灰成墙。抹灰时应控制抹灰厚度，一次抹灰厚度不应大于 10mm，应分遍分层抹灰；第二遍抹灰时为防止抹灰成墙后墙面收缩产生不规则裂缝，在墙面每隔（不大于）3m，设一道上下贯通的竖向伸缩缝，缝宽 10mm；门口上部设 45°斜角伸缩缝，避免门过梁上部抹灰开裂，装饰时用膨胀腻子填缝处理（图 4-12）。

图 4-11　PVC 内模两侧满挂钢丝网　　　　图 4-12　成活墙面

4.8 附着式塔式起重机自爬升施工技术

4.8.1 创新点

（1）通过配设的爬升机构（附着框、主受力钢梁、钢支腿、爬升油站），使之具有自爬升功能，自爬升施工装置不需内爬塔式起重机的内爬钢梯，也不同于附着塔式起重机靠下部塔身传力于塔式起重机基础，可利用已施工完成的建筑结构作支撑。

（2）爬升及操作过程中利用三套爬升附着框代替附着塔式起重机的附墙件对整个塔身起垂直向稳固作用，并利用其传力于主受力梁，传递整个塔身及其工作时的竖向荷载至建筑结构。

（3）在爬升实施过程中，与附着塔式起重机不同的是采用爬升油站塔身反顶，塔身始终作为一个整体单元受力爬升（或下降），增加了工作的可靠度。

（4）塔身只需 30m 的安装高度，随着施工的进展，利用该套爬升机构随已施工结构塔身整体向上自爬升，可满足整个工程施工的垂直运输（250m 或更高）要求。

4.8.2 关键技术措施

（1）将现有的附着式塔式起重机在施工现场配设一套爬升机构，使之具有自爬升功能，塔身只需 30m 的安装高度。随着施工的进展，塔式起重机利用已施工完成的建筑结构作支撑，利用该套爬升机构随已施工结构往上自爬升，可满足整个工程施工高度（250m 以上）的垂直运输要求，工程完工（不需使用塔式起重机）后，利用现场加工的扒杆等辅助设备将塔式起重机高空解体后运至地面指定地点（图 4-13、图 4-14）。

（2）该技术能最大限度地利用原普通塔式起重机的相关工作性状（除爬升方式外），在额定吊重、工作幅度、工作控制系统等多方面发挥原塔式起重机

95％的性能，使改装工作更具安全性、科学性和合理性。

图 4-13　改装时塔式起重机　　　　图 4-14　改装后塔式起重机
标准节转换方向　　　　　　　　安装于建筑物楼层

（3）按传统附着塔式起重机的顶升工艺，每顶升一个高度（6～9m）耗时6～10h（不含配件的运输及进出场），而采用自爬爬升工艺，每顶升一个高度（6～9m）耗时约2h，能极大地节省工期。此技术施工能减少塔式起重机构件（如标准节）的堆放场地和进出时对交通等的压力，因其不必安装于建筑物外立面，能提前工程外装的进场时间和增加塔式起重机的使用时间和使用范围。此技术塔式起重机高度（30m）以上的塔式起重机标准节和附墙件的成本（含标准节和附墙件的购入、运输、安装、拆除、维护、管理等）95％以上可节省，施工要求塔式起重机的使用高度愈高，效益愈显著，从而能极大地节省工期成本。

（4）一般的超高层及超限高层均设计有位于结构筒体内的电梯厅前室，此部位的剪力墙承载力及平面空间等均可满足塔式起重机自爬升技术施工与操作要求，不需要改变原有的设计结构形式和功能，该技术对现场的适应性较强。

（5）该技术能有效解决超高层和超限高层建筑施工垂直运输的难题。

4.9 超高层建筑施工垂直运输技术

超高层建筑施工垂直运输体系是一套相互补充的担负建筑材料设备、建筑垃圾和施工人员运输的施工机械。超高层建筑施工垂直运输体系任务重、投入大、效益高，因而在施工中占有极为重要的地位。

超高层建筑施工垂直运输对象，按质量和体量可以分为以下五类：

（1）大型建筑材料设备：包括钢构件、预制构件、钢筋、机电设备、幕墙构件以及模板等大型施工机具。这类建筑材料设备单件质量和体量比较大，对运输工具的工作性能要求高。

（2）中小型建筑材料设备：包括机电安装材料、建筑装饰材料和中小型施工机具等。这类建筑材料设备单件质量和体量都比较小，对运输工具的工作性能要求相对较低。

（3）混凝土：这类建筑材料使用量大，但对运输工具的适应性强。

（4）施工人员：超高层建筑施工人员数量大，上下时间相对集中，垂直运输强度大。同时人员运输更须确保安全，因此对运输工具的可靠性要求更高。

（5）建筑垃圾：超高层建筑施工产生的垃圾数量并不特别大，但是时间和空间分布广，各个阶段和各个施工作业面都可能产生建筑垃圾，必须及时将其运出，以提高文明施工水平。

根据施工垂直运输对象的不同，超高层建筑施工垂直运输体系一般由塔式起重机、施工电梯、混凝土泵及输送管道等构成，其中塔式起重机、施工电梯、混凝土泵应用极为广泛，输送管道应用不多。我国香港和阿联酋迪拜等地尝试采用输送管道解决超高层建筑垃圾运输难题，效率高、成本低，值得借鉴。

4.9.1 技术特点

1. 超高层建筑施工垂直运输任务重

超高层建筑规模庞大，所需建筑材料数以十万吨计，如上海金茂大厦塔楼自重约 30 万 t，上海环球金融中心塔楼自重达 40 余万吨。这些建筑材料及时运送到所需部位是一项繁重的任务。加之超高层建筑施工现场作业量大，所需施工人员多，高峰时施工人员数以千计，每天超过 10000 人次的施工人员上下，对垂直运输体系是严峻考验，特别是上下班及午休期间，施工人员上下非常集中，垂直运输体系压力巨大，同时施工过程中还产生较多的建筑垃圾，必须及时运送等。所有这些对超高层建筑施工的垂直运输系统提出了极高的要求。

2. 超高层建筑施工垂直运输投入大

超高层建筑施工中，施工机械设备的费用占土建总造价的 5%～10%，对总造价有一定的影响，而在整个施工机械设备中，垂直运输体系的机械设备是主要组成部分，超高层建筑施工所需的大型机械设备多数用于垂直运输，如塔式起重机、混凝土输送泵和施工电梯。

3. 超高层建筑施工垂直运输产生效益高

超高层建筑施工投入大，加快施工速度不但将显著提高建设单位的投资效益，而且将大大提高承包商的经济效益。所以，垂直运输体系的合理配置对加快超高层建筑施工速度，降低施工成本，具有非常重要的作用。一是高效的垂直运输体系是超高层建筑顺利施工的先决条件。快速、高效、及时地将建筑材料运送到施工作业部位，对于加快超高层建筑施工进度具有重要意义，钢结构工程施工尤其如此。二是施工人员是超高层建筑施工的主力军，如何确保施工人员快捷到达施工作业面一直是工程技术人员关注的热点。

4.9.2 关键技术措施

1. 配置原则

超高层建筑施工垂直运输体系配置应当遵循技术可行、经济合理原则：

一是垂直运输能力应满足施工需要。要根据运输对象的空间分布和运输性能要求配置垂直运输机械，确保大型构件安全运送到施工作业面。

二是垂直运输效率要满足施工速度需要。超高层建筑施工工期在很大程度上取决于垂直运输体系的效率。因此，必须针对工程特点和垂直运输工作量，配置足够数量的垂直运输机械。

三是垂直运输体系综合效益要求最大化。超高层建筑施工应用的机械较多，投入大，因此垂直运输体系配置时，应尽可能减少施工机械设备投入。但是施工机械设备投入的高低有时不能完全反映垂直运输体系的经济效益。例如，提高施工机械化程度，势必加大施工机械设备投入，但它能加快施工速度和降低劳动消耗，提高超高层建筑施工的综合效益。因此，垂直运输体系配置要正确处理投入与产出的关系，实现垂直运输体系综合效益最大化。

超高层建筑工程的施工特点各不相同，但是施工垂直运输对象基本相似，因此垂直运输体系主要配置大同小异，多采用塔式起重机、混凝土泵和施工电梯作为垂直运输体系主要机械，只是在垂直运输机械的配置数量上因工程而异。在以钢结构为主的超高层建筑施工中塔式起重机配置高，混凝土泵配置低，如上海环球金融中心、广州西塔、深圳京基 100 项目等。以钢筋混凝土结构为主的超高层建筑施工中则塔式起重机配置低，混凝土泵配置高，如阿联酋迪拜大厦等。

2. 塔式起重机

塔式起重机选型牵涉面广，结构设计和施工方案对超高层建筑塔式起重机的选型都有显著影响，因此应注意通过优化结构设计和施工方案达到优化塔式起重机选型的目的。在塔式起重机选型过程中，要结合工程所在地的社会经济水平，深入分析结构设计合理性。在社会经济发展水平比较低的地区，应优先考虑采用钢筋混凝土结构或组合（混合）结构，尽可能地减少大型构件的使用，降低单个构件的重量，尽可能降低塔式起重机配置和大型施工机械投入。而在社会经济发展水平比较高的地区，应充分发挥工业化生产优势，优先考虑采用钢结构或组合（混合）结构，尽可能地减少现场施工作业量，适当提高塔式起重机的配置和减少劳动力消耗，以获得综合效益最大化。

在塔式起重机选型过程中，应从塔式起重机布置、构件分段和吊装工艺等方面优化施工方案。塔式起重机的布置应有利于充分发挥机械性能，在实现全面覆盖的同时，应尽可能设置于大型构件附近。在超高层建筑中大型构件多为节点，因此为了降低塔式起重机配置，应探索节点分块制作、多次吊装、高空焊接成型的可能。由于超高层建筑中大型构件分布极不均衡，重量特别大的构件总是少数，对其应优化吊装工艺。许多特大型构件多位于超高层建筑地面附近，吊装时就应当充分利用地面作业条件好的优势，辅以大型履带起重机进行拼、吊装。重型桁架和高位塔尖则可以探索采用整体提升工艺进行安装。塔式起重机应尽可能按照大多数构件的重量进行选型配置，以充分发挥机械性能。

3. 施工电梯

目前，超高层建筑施工电梯的选型与配置还缺乏定量的方法，多依据工程经验进行。影响超高层建筑施工电梯选型的因素主要有工程规模和建筑高度。施工电梯配置类型主要由超高层建筑高度所决定，一般超高层建筑施工多选用双笼、中速施工电梯。当建筑高度超过 200m 时则应优先选用双笼、重型、高速施工电梯。施工电梯配置数量主要由超高层建筑规模所决定，同时也受建筑高度影响。一台双笼、重型、高速施工电梯（负载为 2 t 或 2.4t，或乘员 27～30 人）服务建筑面积在 10000m² 左右。一般情况下施工电梯服务面积随建筑高度增加而下降。

超高层建筑多采用核心筒先行的阶梯状流水施工方式。为满足不同高度施工需要，施工电梯一般需在建筑内外布置。建筑内部施工电梯布置在核心筒内外，可以爬升到顶模上，主要满足核心筒结构施工人员上下，运输工作量不大，但是可以减轻工人劳动强度，提高工效。建筑外部施工电梯集中布置在建筑立面比较规则或场地开阔处，以尽量减少对幕墙工程和室内装饰工程施工的影响。

4. 混凝土泵

混凝土泵选型同样应当遵循技术可行、经济合理的原则。应当根据超高层建筑工程特点（规模、高度和结构类型）和工期要求确定混凝土泵技术参数。在混凝土泵的技术参数中，输送排量和出口压力起主导作用，应当首先确定。超高层建筑规模、结构类型和施工工期决定了混凝土泵的输送排量和配置数量。混凝土泵的输送排量和配置数量应当满足超高层建筑流水施工需要。为了防备设备故障引起混凝土泵送中断，产生结构冷缝，还应当适量配置备用泵。超高层建筑高度决定了混凝土泵的出口压力。输送排量和出口压力确定了，电机功率和分配阀形式确定也就有了依据。从实践经验看，蝶阀对骨料的适应性最好，但是换向摆动的截面积较大，适合于低、中压等级的混凝土输送泵。S阀在泵送过程中压力损失少，混凝土流动顺畅，但受管径的限制，对骨料要求较高，适合于中、高压泵，适用于高层建筑和超高层建筑施工的混凝土远距离、高扬程输送。闸板阀的性能则介于蝶阀和S阀之间，在中压泵上应用较多。混凝土泵的电机功率决定于出口压力和输送排量。在电机功率一定的情况下，出口压力的升高必将使输送量降低。相反，降低出口压力，将会使输送排量增加。因此，在技术可行的基础上，要进行经济可行性分析，来最终确定混凝土泵型号与配置。

4.10 管理信息化应用技术

新兴信息技术的应用已给项目的各类生产活动带来革命性的价值成果，更好地应用这些技术为项目服务是提高项目效益的一个动力源泉，各种信息化应用技术的日趋成熟，带给项目的创新能力不容忽视。现代项目管理活动中，项目呈现许多新的特点，传统的管理模式已不能满足项目管理的需求，需要利用各种信息化应用技术来对项目进行管理。项目信息化技术借助计算机、互联网和其他硬软设施可有效面对各种项目任务的复杂形式和可能重复出现的问题，特别是项目管理软件对项目管理思想的融入性，是解决项目计划性和智力性的现实方法。不同的项目特征，其项目管理过程不尽相同，应用不同的信息化技术，有效满足变化才能促使项目管理的成功。

4.10.1 技术特点

（1）涉及面广。建筑施工项目管理是一个多部门、多专业的综合全面的管理系统。它不单包括施工过程中的生产管理，还涉及技术、质量、物资、设备、资金、成本、计划、进度、安全和合同等方方面面的管理内容。

（2）工作量大。一个建筑物的形成，需要消耗的物资种类繁多，需要大量的施工活动共同参与，建筑施工项目管理工作的复杂与繁重程度牵涉到各个施工环节。

（3）制约性强。项目管理工作必须符合建筑施工从准备到竣工验收这样一个循序渐进的规律。因此，建筑施工项目管理不仅要符合建筑工程有关规范规定的要求，还要做到良好的沟通与协作，安排有序。

（4）信息流量大。任何一项管理活动，都离不开某种信息的处理工作。建筑施工项目各方面的管理活动并不孤立，它们之间存在相互依赖、相互制约的关系，各管理活动之间必然需要信息的交流与传递，决定了项目管理过程中信息流动的复杂和频繁等特点。

（5）应用难度大。部分管理人员习惯了传统管理模式，对信息技术的应用有一定的抵触情绪。加上信息技术应用的前期，总会出现不断的修改、重构和夯实等反复过程，在空间上和时间上增加了项目管理人员的负担，从而产生消极怠工情绪。

4.10.2 关键技术措施

1. 主要的单项信息化应用技术

（1）虚拟仿真施工技术

虚拟仿真施工技术是虚拟现实和仿真技术在工程施工领域应用的信息化技术。主要应用在：施工工件的动力学分析，施工工件的运动学仿真，施工场地的优化布置，施工机械的开行、安装过程，施工过程结构内力和变形变化过程的跟踪分析，施工过程结构或构件及施工机械的运动学分析，施工过程的动态演示和回放。

虚拟仿真技术包含：三维建模技术、仿真技术、优化技术和虚拟现实技术。

（2）高精度自动测量控制技术

应用工程测量与定位信息化技术，建立特殊工程测量处理数据库，解决大型复杂或超高建筑工程中传统测量方法难以解决的测量速度、精度、变形等技术难题，实现对工程施工进度、质量、安全的有效控制。

（3）施工现场远程监控管理工程远程验收技术

利用远程数字视频监控系统和基于射频技术的非接触式技术或3G通信技术对工程现场施工情况及人员进出场情况进行实时监控，通过信息化手段实现对工程的监控和管理。该技术的应用不但能实现现场的监控，还要具有通过监控发现问题，能通过信息化手段整改反馈并检查记录的功能。

（4）工程量自动计算技术

工程量和钢筋量的计算是工程建设过程中的重要环节，其工作贯穿项目招标投标、工程设计、施工、验收、结算的全过程。其特点是工作量大、内容繁杂，需要技术人员做大量细致、重复的计算工作。工程量自动计算技术是建立在二维或三维模型数据共享基础上的，应用于建模、工程量统计、钢筋统计等过程，实现砌体、混凝土、装饰、基础等各部分的自动算量。

（5）塔式起重机安全监控管理系统应用技术

建筑起重机安全监控系统由工作显示系统、专用传感器、数据通信传输系统、安全软硬件、工作机构等组成。监控系统的应用可以从根本上改变塔式起重机的管理方式，做到事先预防事故，变单一的行政管理、间歇性检查式的管理为实时的、连续的科技信息化管理，变被动管理为主动管理，最终达到减少乃至消灭塔式起重机因违章操作和超载引起的事故的目的。

2. 综合项目管理系统应用技术

（1）项目沟通管理

主要是通过"即时通信"和"信息发布"来进行信息的交流。

"即时通信"是企业员工和项目组人员之间相互沟通的主要工具，是协同工作的桥梁，是项目工作日常交流的必备工具，具有唯一的实名身份认证、不受时间和空间限制的文字或语音的交流互动、邮件体系支持和网络会议功能。

"信息发布"是一个可以适用于项目内部的较为正式的信息交流，项目工作中的各种新闻、通知都可以借助信息发布系统进行授权发布。

（2）项目进度控制

对项目进度的控制，目前科学有效的方式是网络计划，在网络计划图中用户可以清楚各项不同工作的进度情况，以及工作和工作之间的关系，与计划进度的对比。

（3）项目成本和风险控制

项目的成本控制是一个项目管理的核心内容，通过对用户提交的费用情况进行统计，相关的图表直观体现项目成本方面的数据；通过成本计划、目标和实际的三算对比，对项目人员了解成本运行情况，有着积极的意义，无论出现实际成本超出计划过高或过低的情况，都会引起管理者的注意，从而可采取相应措施，使风险处于可控范围，并使其向乐观方向发展。

（4）项目文档管理

一个项目从审批立项到竣工验收都会产生相当多的文档，要规范文档，将众多文档有序组织起来，提供查询借阅功能，使个人能够在任意时刻查询到自己权限范围内的文档。

（5）项目合同管理

通过项目合同管理，可以对业主合同、劳动合同、采购合同、租赁合同、物资合同和其他合同分门别类地进行管理，可以对当前时间项目中所有合同的资金现状进行统计，准确报告资金盈亏状况，供用户参考，进行决策。

（6）项目物资管理

通过物资计划、出入库管理，统计分析物资的耗用情况、库存情况及其收益等。

（7）项目质量管理

建立项目创优计划和质量目标，对项目过程进行质量控制，建立质量知识库等。

（8）项目安全管理

建立项目安全体系、安全知识库，对项目进行检查与考核，强化安全教育与培训。

（9）项目设备管理

分为设备资产管理和现场设备管理。在设备管理中包含设备的登记、维护、分配和报废等管理，以及设备的进场、退场、备品备件、保养等。

（10）项目技术管理

通过技术管理模块对技术策划方案、专项技术方案和施工组织设计进行相应的审核，对技术工作进行相应的考核、交底及培训等，建立企业技术知识库，积累技术方面的应用成果。

4.11　BIM 施工技术

BIM（Building Information Modeling，建筑信息模型）作为一种新的工程信息的载体，贯穿项目全生命周期的各个阶段，让项目不同参与方都可以根据需要在合适的时间获取合适的信息，辅助对项目的理解，减少常见的错误，支持与项目有关的工作决策。其特点是可视化、参数化和可协同化。

4.11.1　技术特点

（1）在总承包配合管理方面，使用 BIM 模拟施工工艺、进度、现场，加强对施工过程的控制，使用 BIM 辅助深化设计，加强设计对施工的控制和指导及对设计文档的校核，使用 BIM 辅助计算工程量，提高效率和准确度。

（2）在施工模拟管理方面，使用 BIM 模型对总体施工计划、总体施工方案进行模拟演示，对特殊节点综合施工工艺利用 BIM 进行施工模拟验收，对专项施工方案和专项施工工艺进行演示。

（3）总承包协调管理方面，实现 BIM 模型和业主日常主要管理系统之间的信息集成，组织协调全体相关参建单位参与使用 BIM 进行综合技术和工艺协调（图 4-15）。

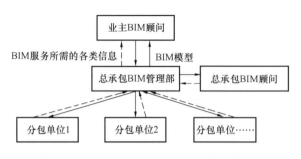

图 4-15　总承包协调管理图

4.11.2　关键技术措施

（1）使用 BIM 技术辅助深化设计，总承包深化设计随工程进展绘制土建—机电—装修综合图，统筹全专业包括建筑、结构、机电综合图纸，并按要求提供 BIM 所需的各类信息和原始数据，交业主 BIM 顾问配合形成深化设计 BIM 模型。在此 BIM 基础上对包括土建、机电、钢结构、幕墙、精装修等在内的深化设计进行统一协调，保证深化设计中各专业的技术协调，避免各专业工种在施工中产生矛盾（图 4-16）。

图 4-16　BIM 深化设计模型中进行碰撞检测

（2）总包方在已建立的 BIM 模型基础上加上进度时间轴，动态分析施工方案以及施工进度，在建设前对建设过程进行模拟和优化，精确、直观地展现施工进度和施工流程。传统描述施工进度的方法（例如横道图、双代号网络计划、单代号网络计划、双代号时标网络计划、单代号搭接网络计划等）都是平面的、基于工程进度关键节点上的静态分析管理。利用 BIM 4D 模型总包方可在项目建设过程中合理制订施工计划、精确掌握施工进度，缩短工期，降低成本，提高质量。

（3）总包方在业主提供的 BIM 模型基础上，专门完善专项施工及工艺模型，将规范、标准、图集、施工组织设计信息输入 BIM 数据库，输出立体动画配合施工进度精确地描述专项工程的概况、施工场地的情况，模拟专项工程施工进度计划、劳动力计划、材料与设备计划等，找出专项施工方案的薄弱环节，有针对性地编制安全保障措施，使施工安全保证措施的制订更直观，更具有可操作性。

（4）总包方建立特殊节点综合施工工艺 BIM 模型，通过 BIM 系统的实景模拟功能，进行仿真精细化模拟。利用精确到秒的精细模拟，表现出动态过程中的各种状态，确保方案的可行性，为各分包方项目交底以及业主的虚拟验收提供了必要的技术手段，让总包方找到最佳的专项施工方案。

（5）总包方总体协调将各专业分包方调整优化后的 BIM 模型输入相关属性，例如在 BIM 模型输入构件的属性（种类、材质、型号、尺寸、单价等），由于 BIM 模型每一个构件都是和现实中的实际物体一一对应，所含的信息都可以直接拿来运算。总包方通过 BIM 模型，可直接生成相关明细表，进行设备统计、材料统计等工作，同步提供所需要的施工图预算、施工材料计划等基础数据，从而起到管控造价、预测成本花费的作用。例如进行工程量统计时，将墙体、门窗、风管等构件根据不同的分类迅速作出自动统计，准确率和速度较传统统计方法有很大提高，大大降低了造价工程师的工作强度，提高了工作效率（图 4-17）。

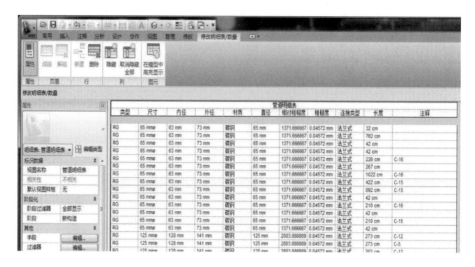

图 4-17　BIM模型工程量统计

4.12　幕墙施工新技术

幕墙分为金属与石材幕墙和玻璃幕墙两大类，作为外墙装饰材料用于有较高采光要求的建筑如宾馆、写字楼及商业、体育博览建筑等，满足不同的功能要求和美观要求。

4.12.1　技术特点

（1）幕墙板块的安装方法，采取的是自下而上分段施工的方式进行，分别以塔楼各避难层作为分段点；幕墙工程施工随土建主体施工同时进行，对于现场各施工工序的安排，施工场地及施工机具的分配将会显得尤为紧凑。

（2）多种分项工程穿插同时施工，幕墙现场安装的用地、幕墙材料的水平及垂直运输的方式和顺序、安装施工中的防护措施、幕墙板块现场安装的方案，是幕墙系统工程在施工过程中需要重点考虑的问题。

4.12.2　关键技术措施

（1）单元式幕墙的安装，将主要采用"单轨吊装法"对单元板块进行吊装，考虑到建筑造型，吊装板块时会受到单元吊具悬挑距离的限制，通过对各层楼板之间水平距离的计算，以一定层数的吊装高度设置单元吊具。

（2）顶部单元幕墙将借助在此部位搭设的脚手架及塔式起重机进行安装，收口部位，可借助于擦窗系统进行安装。

（3）主入口处雨篷，安装点的放线定位应准确，减少误差；连接杆件应单独加工成准确的几何尺寸；龙骨及板块的安装借助于脚手架进行施工。

4.13　建筑节能新技术

建筑节能是指在区域规划、城镇体系规划、城市总体规划和建筑的规划（包括布局、形状和朝向等）、设计、施工、安装和使用过程中，按照有关建筑节能的国家、行业和地方标准，对建筑物围护结构采取隔热保温措施，选用节能型用能系统、可再生能源利用系统及其维护保养措施，保证建筑物使用功能和室内环境质量，切实降低建筑能源消耗，更加合理、有效地利用能源等活动。

4.13.1　技术特点

建筑节能是在规划设计、建筑材料生产、建筑物施工及使用过程中，在满足人们工作、生活需要的前提下，采用新型材料，实现合理、科学、有效地利用能源，从而提高建筑舒适性及节约能源，提高能源利用率。

4.13.2　关键技术措施

（1）太阳能应用通过太阳能收集器、热能存储装置、热能交换装置以及自动控制系统等来达到为建筑用电服务的目的。

（2）墙体材料：利用煤渣、秸秆等废料生产，既减少废物排放，又能实现清洁生产。

（3）保温技术：墙体保温采用蒸压加气混凝土块，因其块材本身密度小，块材内部孔隙率大，可有效节约生产块材的各种建筑材料，并对增强保温隔热性能有较好效果，具有一定的节能环保作用。

（4）屋面采用工业炉渣找坡以及挤塑板保温，在使用工业废品、保温隔热方面达到节能环保的目的。

（5）门窗使用中空玻璃，幕墙玻璃采用 Low-E 玻璃，采用塑料、橡胶等隔热材料进行断桥处理，外门窗四周与墙体连接处缝隙采用聚苯板或聚氨酯等材料进行填缝处理。

（6）供暖管道采用管道保温技术，以减少能源消耗，达到节能环保的目的。埋地部分，采用自带保温无缝钢管，对管道实行保温隔热来达到减少能源消耗的目的。地上部分，采用后置保温方法，对敷设好的管道采取保温隔热措施，以达到减少能源消耗的目的。

4.14　冷却塔的降噪施工技术

随着社会的发展，生活水平的不断提高，人们对生活环境舒适度的要求也越来越高；而在相对高密度的商品房及居民区设置冷却塔，对其噪声的控制要求也越来越严格。目前，对冷却塔噪声有两种不同的评价指标，其一为针对冷却塔设计和生产厂家的《机械通风冷却塔　第 1 部分：中小型开式冷却塔》GB/T 7190.1—2018、《机械通风冷却塔　第 2 部分：大型开式冷却塔》GB/T 7190.2—2018，标准对不同循环水量与型号的产品规定了用户的适用指标；其二为《声环境质量标准》GB 3096—2008，标准对不同环境区域规定了最高声级。如果企业按照《机械通风冷却塔　第 1 部分：中小型开式冷却塔》GB/T 7190.1—2018、《机械通风冷却塔　第 2 部分：大型开式冷却塔》GB/T 7190.2—2018 的最高限值生产冷却塔，所有产品都不能满足《声环境质量标准》GB 3096—2008 对于二类以下地区夜间噪声不大于 45～50dB（A）的要求，只有少数几种低吨位超低噪声型号的冷却塔可以满足少部分区域夜间噪声标准的要求。因此，依据《声环境质量标准》GB 3096—2008 要求冷却塔用户对冷却塔产生的噪声污染进行治理。

4.14.1　技术特点

（1）支撑钢架与混凝土结构的连接，支撑钢架的焊接。

（2）施工过程中既要保证与混凝土结构、钢构件之间连接的强度，又要保证消声器安装，控制其安装偏差。

4.14.2　关键技术措施

由钢结构支撑框架安装、吸声板安装、消声百叶及消声器安装三部分组成；以钢结构为支撑框架，在保证其运行时气流组织的前提下，利用吸声板、消声百叶及消声器组装成相对密闭空间，降低冷却塔运行时的噪声，有效控制噪声污染。

4.15　空调水蓄冷系统蓄冷水池保温、防水及均流器施工技术

目前，用于空调蓄冷的形式较多，以水作为蓄冷介质的水蓄冷系统是蓄冷空调系统的重要方式之一，也是建筑节能环保的又一种形式。蓄冷水池是水蓄冷系统中较为关键的一个部件，是冷量储存的容器，对水蓄冷系统是否能够正常运行有着举足轻重的作用。

4.15.1　技术特点

（1）对蓄冷水池的保温、防水、均流器的施工可操作性强。

（2）详细地解析了蓄冷水池中均流器的设计、布置及施工方法，确保了蓄

143

冷水池要达到的必备蓄冷条件——温度自然分层的安装质量。

（3）现场发泡保温、防水方法，简单易行，方便操作，安全性高。

4.15.2　关键技术措施

水蓄冷系统是利用水的显热来储存冷量，水经过冷水机组冷却后储存于蓄冷槽中用于次日的冷负荷供应，即夜间制出 4℃ 左右的低温水，该温度适合于大多数常规冷水机组直接制取冷水。在白天空调负荷较高的时候，自动控制系统决定制冷主机和蓄冷槽的供冷组合方式，尽量在白天峰电时段内由蓄冷槽供冷，不开或者少开制冷主机，以降低空调系统的运行费用。

蓄冷槽储存冷量的大小取决于蓄冷槽储存冷水的数量和蓄冷温差。温差的维持可通过降低储存冷水温度、提高回水温度以及防止回流温水与储存冷水的混合等措施来实现，典型的水蓄冷系统其蓄冷温度为 4~7℃。在常压下，水的密度在 4℃ 时最大，对温度自然分层最为有利，因此 4~7℃ 在水蓄冷系统中是最为常见的蓄冷温度。水蓄冷池中的水温分布是按其密度自然地进行分层，在水温大于 4℃ 的情况下，温度低的水密度大，位于蓄冷池的下方，而温度高的水密度小，位于蓄冷池的上方，在充冷或释冷过程中控制水流缓慢地自下而上或自上而下流动，整个过程在蓄冷池内形成温度自然分层。

4.16　超高层高适应性混凝土技术

超高层高适应性混凝土（Multifunctional Performance Concrete，MPC）技术，在广州东塔项目混凝土工程的 C80HPC 和 C80SCC 技术上开发而成。

在东塔项目中，我们不仅需要面对 5.6m×3.6m 的巨型钢柱，还要面对在超高层建筑中首次使用双层劲性钢板剪力墙结构：这些结构中采用 C80 混凝土（原设计中，剪力墙结构采用 C60 混凝土），强度高，约束强，钢筋密，振动成型施工困难，而混凝土自收缩大，早期收缩大，特别容易引起钢板剪力墙结构墙体开裂，而从运输到施工需要耗费一定的时间，对混凝土的保塑性能要求非常高。这些结构不论是对 C80 混凝土的水化热还是混凝土的收缩，都提出了极高的要求。换言之，若在东塔项目中 C80 混凝土无法做到"低收缩、低水化热、高强度、高稳定性"，则对工程质量将产生极大的影响。

4.16.1 创新点

（1）自密实性——研发的自密实混凝土在拌合后 3h 内，U 形仪试验时，拌合物上升高度不小于 32cm，且无泌水，无扒底，均匀流动，便于施工。

（2）自养护——即混凝土不需浇水养护，靠内部分泌水分自养护。用天然沸石粉（NZ 粉）作为水分载体，均匀分散于混凝土中，供给水泥水化用水，且其强度与湿养护相当或稍高。节省大量水资源和人力。这对超高层建筑的混凝土施工技术尤为重要。

（3）低发热量——混凝土入模温度 25～30℃，内外温差不大于 25℃，避免出现温度裂缝，这对大体积混凝土及大型结构构件十分重要。

（4）低收缩——高强度的混凝土早期收缩、自收缩过大，同时在钢-混凝土组合结构中约束过强，极易造成构件或墙体开裂。按照国际标准，混凝土的收缩值应控制在（5～7）/万范围内。而实现低收缩技术，其关键是控制自收缩及 72h 的收缩小于 1.5/万，这样就可以免除或减少裂缝的产生。

（5）高保塑——保持混凝土的塑性 3h，便于泵送施工，特别是超高泵送施工。

（6）高耐久性——混凝土 28d 龄期电通量小于 1000C/6h（或 500C/6h 以下）；针对不同环境，具有不同的抗腐蚀性能，混凝土结构具有百年的工作寿命。

4.16.2 关键技术措施

1. C80HPC 在广州东塔项目矩形钢管混凝土柱中的应用

（1）胶凝材料组合研究

硅粉是常用的高强混凝土掺料，通过使用水泥＋矿粉＋硅粉的复掺胶凝材料体系，进行 C80 的配制，如表 4-1 所示。在试验中，硅粉掺量为 3％，通过控制硅粉的掺入量，没有引起混凝土黏度增大，有效地利用了硅粉的滚珠效应，使得混凝土在 $W/B=0.26$（包括外加剂用水）时，能保持良好的工作性能和强度要求。

硅粉复掺混凝土配合比 表 4-1

编号	C	BFS	SF	S	G	W	A
D100205	400	150	15	700	995	140	2.3％
D092703	400	150	15	695	1000	140	2.2％
D100304	400	150	15	700	995	140	2.1％

编号	倒筒时间	坍落度	扩展度	强度（MPa）			
	（s）	（mm）	（mm）	3d	7d	14d	28d
D100205	3.7	235	700	79.0	86	87.2	97.7
D092703	4.5	245	635	82.0	87	90.4	102.5
D100304	5.0	245	690	78.4	88	91.2	106.2

为了避免硅粉对收缩的不利影响，使用微珠代替硅粉进行 C80HPC 配制，如表 4-2 所示。使用微珠代替硅粉后，当矿粉和水泥掺量相似时，低掺量的微珠对混凝土的增强效果略低于硅粉（D100604 配合比），但在微珠掺量提高以后，混凝土的强度有了较大的发展，甚至可以超过掺 3％硅粉的配合比。由于采用了微珠，混凝土的减水效果更好，混凝土的单方用水量从 140kg 降低至 135kg，配合比的富余强度较高，水泥用量也由 400kg/m³ 降低至 350kg/m³。

微珠复掺混凝土配合比 表 4-2

编号	C	BFS	MB	S	G	W	A
D100402	400	50	100	730	975	135	1.65％
D100502	400	50	100	730	975	135	1.6％
D100604	400	140	30	700	990	140	2％
D101002	350	120	80	700	985	135	1.8％
D101004	350	150	60	700	985	135	1.7％
D101005	350	150	60	700	985	135	1.7％

编号	倒筒时间	坍落度	扩展度	强度（MPa）			
	（s）	（mm）	（mm）	3d	7d	14d	28d
D100402	2.9	250	685	78.6	88.7	86.3	105.1
D100502	3.5	235	710	79.0	82.3	91.3	110.3
D100604	3.8	240	665	67.8	87.7	90.5	93.8
D101002	2.2	235	690	68.2	65.5	94.2	100.9
D101004	2.8	245	705	74.0	82.4	101.3	108.5
D101005	3.2	245	700	77.5	77.2	102.0	107.2

由于混凝土的强度有较高的富余，因此，可以使用Ⅰ级粉煤灰来配制混凝土，以达到节约成本，降低水化热和收缩，如表4-3所示。在试验中，引入粉煤灰取代水泥和矿粉后，混凝土的28d强度开始明显下降。我们在这个过程中，进一步地尝试将混凝土水泥和矿粉用量降低，水泥由 $350kg/m^3$ 降低至 $300kg/m^3$，矿粉 $150kg/m^3$ 降低至 $80kg/m^3$，在这个过程中，补充的微珠和粉煤灰为混凝土提供了足够的强度保障。但我们也注意到，水泥用量降低至 $300kg/m^3$ 后，混凝土已经强度不足。

四胶凝材料复掺混凝土配合比 表4-3

编号	C	BFS	MB	Fa	S	G	W	A
D031901	350	150	60	0	710	1015	135	1.7%
D031902	350	80	60	100	690	1000	140	1.2%
D031903	340	80	60	110	690	1000	140	1.2%
D031904	330	80	70	110	690	1000	140	1.2%
D032001	320	80	110	110	690	1000	140	1.3%
D032002	310	90	80	110	690	1000	140	1.3%
D032003	300	100	80	110	690	1000	140	1.3%

编号	倒筒时间	坍落度	扩展度	强度（MPa）			
	（s）	（mm）	（mm）	3d	7d	14d	28d
D031901	4.8	240	725	60.3	76.2	88.6	6.4
D031902	5.7	255	730	63.9	78.5	82.8	0.3

续表

编号	倒筒时间（s）	坍落度（mm）	扩展度（mm）	强度（MPa）			
				3d	7d	14d	28d
D031903	5.1	255	720	58.8	77.6	85.8	8.8
D031904	5.8	260	720	59.6	72.1	80.1	8.9
D032001	4.2	260	720	47.6	74.4	89.2	7.3
D032002	4.4	245	700	61.4	71.4	85.1	4.8
D032003	2.6	250	705	56.3	68.8	77.9	7.3

而在 C80 混凝土中进一步使用沸石粉，则可用于具有 SCC 性能的 C80 混凝土设计，除此之外，还选择了具有良好形貌的 5～16mm 反击破碎石，通过合理的配比实现了 SCC 工作性能的要求，如表 4-4 所示。

C80 自密实混凝土配合比　　　　　　表 4-4

编号	C	MB	FA	NZ	S	G	W	A（复合）
DSCC80	320.0	80	170	15	800	900	142	1.65%

编号	倒筒时间（s）	坍落度（mm）	扩展度（mm）	强度（MPa）			
				3d	7d	14d	28d
DSCC80	6.9	260	650	320.0	61.9	75.9	92.4

（2）C80HPC 工作性能设计

在 C80HPC 的配制研究中，可以发现随着水泥和矿粉组分的逐渐减少，微珠和粉煤灰成分的提高，浆体本身的润滑效应逐渐提高，对混凝土的外加剂使用量逐渐减少。由于这种润滑效应的存在，在配制高强混凝土时低用水量与高流态的问题得到了很好的解决，这也是我们可以较容易地配制出具有高流动性的 C80 混凝土的原因之一。

在超高层建筑中，混凝土的工作性能好坏影响了混凝土的泵送能力和在密集钢筋结构下的施工能力，我们在研究西塔和京基 UHPC 的超高泵送时，将 UHPC 设计为坍落度大于 250mm，扩展度大于 650mm，倒筒时间低于 10s

时，可以基本满足 UHPC 的泵送需要；而我们在东塔项目中，通过改变混凝土中外加剂的掺量，获得不同工作性能的 C80HPC，在模拟钢筋密布的环境下研究了 HPC 在何种工作性能下，能够满足密集钢筋结构的浇筑施工需求（表 4-5）。

不同工作性能的 C80 混凝土模拟浇筑试验 　　　　　　　　表 4-5

试验组	外加剂掺量	浇筑试验时工作性能			钢筋间距（mm）	泵送情况	浇筑情况
		坍落度（mm）	扩展度（mm）	倒筒时间（s）			
基准	1.7%	260	700	4	100	顺利泵送	顺利浇筑
对比 1	1.4%	250	660	5	100	顺利泵送	顺利浇筑
对比 2	1.3%	240	640	7	100	顺利泵送	顺利浇筑
对比 3	1.2%	220	580	14	100	泵送较慢	不能浇筑

由于 HPC 的低水胶比，其工作性能在低于一定程度后，混凝土的黏性极大地增加，对泵送和浇筑产生了极大的影响。因此，我们认为在 C80HPC 的配置中，其扩展度不应低于 600mm，否则难以进行浇筑施工；将 C80HPC 扩展度设计为大于 650mm，可以保证混凝土在钢筋更为密集的结构中的浇筑施工。

2. C80MPC 在广州东塔项目核心筒双层劲性钢板剪力墙中的应用

在广州周大福金融中心（也称广州东塔）项目中，我们遇到了双层劲性钢板剪力墙结构，这是该结构首次在超 400m 大型高层建筑中使用，该结构浇筑完混凝土后，由于内侧存在栓钉，产生了极强的混凝土约束，将混凝土的收缩全部集中于外侧，极易从墙体表面向内发展裂缝。除了因栓钉易造成混凝土开裂以外，主塔楼核心筒本身钢筋密度较大，而在连梁、预埋件等部位，还存在更密集的加密区域（图 4-18～图 4-20）。这就对混凝土的性能提出了要求：收缩值必须小，和易性必须优秀，钢筋通过能力必须很高。

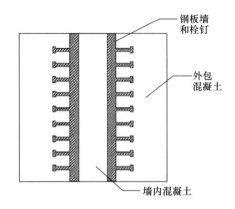

图 4-18　核心筒双层剪力墙示意图　　　图 4-19　核心筒双层剪力墙实体照片

图 4-20　核心筒钢筋布置照片

　　由于混凝土早期抗拉强度发展缓慢，早期与配筋共同工作能力差，在强约束的墙体结构中，混凝土因早期的收缩过大，产生开裂的概率非常高，而若早期没有出现裂缝，则在混凝土强度发展起来后，通过与配筋的共同工作，产生收缩裂缝的概率则会降低。

（1）利用超细沸石粉制备的高效保塑剂

　　利用超细沸石粉作为载体制成 CFA 可以大幅度提高混凝土的保塑效果，将超细沸石粉、高效减水剂、超细掺合料进行均匀拌合，并作干燥处理后制备出高效保塑剂。在进行 MPC 配制时，通过控制保塑剂的掺量，可以控制混凝土的保塑时间，并且不影响混凝土的正常凝结。

（2）自养护剂和 EHS 的使用

沸石粉不仅可以作为 CFA 提高混凝土的缓凝效果，还可以作为混凝土水源的载体，成为内部水源供给，不仅保障混凝土的正常水化，还可以降低混凝土内部毛细孔洞的体积减小，降低混凝土早期收缩率。当前可用作水分载体的材料主要分有机和无机材料，有机材料例如混凝土用的 SAP 树脂，无机材料如陶砂粉。而该试验采用的沸石粉，具有吸水、放水及增强、增稠作用，因此，这种材料在 SCC 配制中，具有自养护"增稠"和"增强"的多种功能。

同时，为了进一步地控制混凝土的早期收缩，我们在混凝土中掺入了低掺量的 EHS 膨胀剂，利用混凝土在自养护剂下可水化充足的特点，充分发挥低掺量 EHS 的膨胀作用，补偿一部分早期收缩，使混凝土的早期收缩处于一个极低的状态。

（3）C80MPC 的配合比设计

表 4-6 中 1、2 号配合比为普通 C80 低热混凝土，用水量 135kg/m³。3、4 号配合比为自密实自养护混凝土，用水量 142kg/m³，不掺加膨胀剂。5、6 号配合比为自密实自养护补偿早期收缩混凝土，外掺膨胀剂 1.5%（8.8kg/m³），用水量 142kg/m³。

C80 混凝土试验配合　　　　　　　　　　　　　表 4-6

编号	材料用量（kg/m³）							研发减水剂（%）	研发保塑剂（%）
	P.Ⅱ52.5	微珠	Ⅰ级灰	增稠粉	S95 矿粉	河砂	碎石		
1	300	120	150	—	—	650	1200	1.6	
2	300	100	120	—	50	650	1200	1.6	
3	320	80	170	15	—	800	900	2.0	
4	320	60	140	15	50	800	900	1.6	
5	320	60	170	15	—	800	900	1.7	
6	320	60	170	15	—	800	900	1.9	1.5

1）1号配合比——C80HPC性能介绍

新拌混凝土初始坍落度22.5mm，扩展度595mm×595mm，倒筒时间17s；2h后混凝土坍落度21.5mm，扩展度590mm×590mm，倒筒时间11s；混凝土24h、48h、72h自收缩与早期收缩率为0.062‰、0.081‰、0.094‰；水泥砂浆开始温升时间23.5h，初温至峰值温度范围26～75℃，温峰时间11h；3d、7d、28d、56d抗压强度为58.9MPa、68.1MPa、88.9MPa、92.5MPa。

2）2号配合比——C80HPC性能介绍

新拌混凝土初始坍落度23mm，扩展度660mm×660mm，倒筒时间10s；2h后混凝土坍落度23mm，扩展度660mm×660mm，倒筒时间10s；混凝土24h、48h、72h自收缩与早期收缩率为0.142‰、0.170‰、0.190‰；水泥砂浆开始温升时间20h，初温至峰值温度范围28～77℃，温峰时间35h；3d、7d、28d、56d抗压强度为62.2MPa、73.8MPa、86.6MPa、90.4MPa。

3）3号配合比——C80SCC性能介绍

混凝土坍落度250mm，扩展度550mm×550mm，倒筒时间8s，U形仪升高95mm；混凝土24h、48h、72h、96h自收缩与早期收缩率为0.01‰、0.13‰、0.15‰、0.16‰；水泥砂浆初始温度26℃，开始升温23h后，最高温度达68℃（36h后达到）。

4）4号配合比——C80SCC性能介绍

混凝土坍落度250mm，扩展度650mm×650mm，倒筒时间7s，U形仪升高320mm；混凝土24h、48h、72h、96h自收缩与早期收缩率为0.15‰、0.18‰、0.19‰、0.25‰；水泥砂浆初温度26℃，开始升温27h后，最高温度达79℃（39h后达到）。混凝土自养护3d、7d、28d抗压强度为56MPa、75.6MPa、92.1MPa；标准养护3d、7d、28d抗压强度为50MPa、66.5MPa、86.1MPa。

5）5号配合比——C80SCC性能介绍

5号配合比混凝土在无保塑料、针片状颗粒多的情况下坍落度250mm，扩展度560mm×560mm，倒筒时间8s，U形仪升高300mm。

6）6号配合比——C80MPC性能介绍

6号配合比混凝土坍落度250mm，扩展度650mm×650mm，倒筒时间7s，U形仪升高320mm；在掺加1.5%硫铝酸盐膨胀剂、保塑粉、复合减水剂情况下，混凝土24h、48h、72h、120h自收缩与早期收缩率为0.103‰、0.106‰、0.099‰、0.11‰；混凝土3d、7d、28d、56d抗压强度在自养护条件下为56.6MPa、75.6MPa、92.1MPa、94.0MPa，湿养护条件下为50.6MPa、66.5MPa、86.1MPa、90.1MPa；水泥砂浆初始温度27℃，开始升温23h后，最高温度达74℃。

（4）C80MPC的小型模拟试验

用上述研发旳高适应性混凝土浇筑具有2道钢筋隔栅的L形试件，如图4-21所示。检测混凝土流过钢筋充满模具的性能。混凝土配合比（kg/m³）为：水泥：微珠：Ⅰ级粉煤灰：增稠粉：膨胀剂：水：砂：石＝320：80：170：15：8.8：142：800：900。自行研发的减水剂掺量为1.9%，保塑粉掺量为1.5%。新拌混凝土试验中初始状态下倒筒时间6s，坍落度260mm，扩展度680mm×710mm，U形仪升高320mm；3h后倒筒时间5s，坍落度250mm，扩展度680mm×680mm，U形仪升高320mm。新拌混凝土的保塑性、保黏性很好，能满足3h的施工操作要求。混凝土浇筑过程及成型如图4-22、图4-23所示。

图4-21 L形试件中的钢筋布置

图 4-22　混凝土浇筑中

图 4-23　混凝土浇筑成型

混凝土自收缩与早期收缩 24h、48h、72h、10d、20d、25d、35d 收缩率为 0.103‰、0.106‰、0.099‰、0.177‰、0.313‰、0.389‰、0.417‰。72h 自收缩与早期收缩为 0.099‰，比原来 C80 混凝土的自收缩与早期收缩 0.19‰降低一半。水化热初温为 28℃，开始升温时间为入模 14h，温峰时间 28h，温峰值 74℃，内外温差 25℃。自养护 3d、7d、28d、56d 抗压强度

56.6MPa、75.6MPa、92.1MPa、95.6MPa；湿养护 3d、7d、28d、56d 抗压强度 50.6MPa、66.5MPa、86.1MPa、90.6MPa。7d、28d 芯样强度为76.9MPa、89.9MPa；自养护试件强度为 77.6MPa、107.6MPa。芯样检测强度超过了 C80 强度等级，但同条件自养护试件强度比芯样强度更高，超过了20%。小型模拟试验的结果说明：该研究开发的高适应性高性能混凝土具有优异的自密实、自养护、低水化热、低收缩、高保塑及高耐久性。

（5）剪力墙及其约束模拟试验

为进一步将该研究成果用于东塔混凝土剪力墙，降低或消除墙面裂缝，在28d 时混凝土公司进行了剪力墙结构构件模拟试验（图 4-24）。先浇筑 10cm 厚钢筋混凝土墙板，并按实际结构布置穿钉，从钢筋混凝土墙板每隔 20cm 穿一根钢筋进入新浇筑的 35cm 厚混凝土墙中，板两端还布置暗柱钢筋，观察在约束情况下，混凝土开裂的情况。混凝土配合比与模拟试验相同。混凝土 7d、14d、28d、60d、90d 湿养护下强度为 67.3MPa、82.2MPa、96.1MPa、101.1MPa、101.2MPa；自然养护下强度为 77.8MPa、84.4MPa、100.3MPa、103.9MPa、104.0MPa；标准养护下 7d、14d、28d 强度为 73.8MPa、83.2MPa、90.1MPa。

(a) 模板及内部钢筋　　(b) 模板及内部钢筋均已到位　　(c) 剪力墙模板

图 4-24　剪力墙模拟试验

新拌混凝土坍落度不小于 260mm，扩展度 680mm×700mm，倒筒时间4s，U 形仪试验混凝土上升高度不小于 320mm，入模温度 31℃。混凝土其他性能与小型模拟试验相同。脱模时及脱模半年来墙面未发现裂缝（图 4-25）。

(a) 施工中　　　　　　　　　　　(b) 脱模后

图 4-25　泵送施工

（6）实体结构试验

实体结构试验以东塔项目双层劲性钢板剪力墙，按 1∶1 的结构设计试验，并采用 C80HPC 和 C80MPC 同时浇筑，如图 4-26 所示。其中，低收缩 C80HPC 配合比（kg/m³）为：水泥∶微珠∶粉煤灰∶砂∶碎石∶水＝320∶60∶190∶700∶1000∶143，减水剂掺量为 1.4%；高适应性 C80MPC 配合比（kg/m³）为：水泥∶微珠∶粉煤灰∶自养护剂∶膨胀剂∶砂∶碎石∶水＝320∶30∶180＋40(矿粉)∶15∶8.8∶800∶900∶142，减水剂掺量为 1.4%。另外，两者均外掺 1.5% 保塑剂。

在试验中，采用了相变降温材料，利用冰碴代替拌合用水，显著降低混凝土的出机至入泵温度（图 4-27）。

试验前，在钢板内部填满砂模拟钢板剪力墙的核心区域，分别进行混凝土的浇筑（图 4-28、图 4-29）。

图 4-26　实体结构试验

图 4-27　利用冰碴进行混凝土拌合

图 4-28　墙中部填充砂

图 4-29　浇筑试验

在进行浇筑试验的同时，对混凝土进行取样，检测混凝土的收缩性能和不同养护条件下的强度发展情况，如表 4-7、表 4-8 所示。

试验混凝土的早期收缩率　　　　　　　　　表 4-7

龄期	早期收缩率	
	HPC	MPC
24h	0.0086%	0.062%
48h	0.013%	0.0047%
72h	0.016%	0.0072%

	强度（MPa）			
龄期	HPC 标准养护	MPC 标准养护	MPC 自养护
3d	68.5	68.2	69.1
7d	79.5	75.3	84.5
28d	92.4	87.5	101.7

由试验检测可见，高适应性高性能混凝土具有收缩低、水化热低、自养护强度高等特点。

4.17 超高性能混凝土的超高泵送技术

超高层建筑施工过程中，混凝土的泵送是确保工程建设顺利进行的主要保障。由于超高层建筑混凝土的浇筑一般均存在立面多层交替穿插施工的现象，因此，超高层混凝土的施工一般都为连续施工。超高泵送主要的特点是泵送线路长、泵送压力大、输送泵连续运作时间长等。随着高性能混凝土在超高层建筑施工中的广泛应用，泵送高性能混凝土 HPC 至 400m 以上实属少见，这需要施工企业、设备制造商等相关行业的共同努力。

4.17.1 创新点

混凝土泵送过程中，k_1 和 k_2 系数的影响非常明显，k_1 越大混凝土在泵管内开始流动所需压力增大，k_2 越大增加混凝土泵送量越困难。k_1 和 k_2 系数越小，越有利于超高泵送的实现。k_1 和 k_2 的大小与混凝土的坍落度成反比，在泵送过程中，保持混凝土的坍落度始终在一个较大值，即可有效降低黏着系数和速度系数，使泵送过程能够顺利实施。因此，如该项目所提出的 HPC、UHPC 和 MPC 技术，是具有高保塑能力、优秀流动性能的混凝土，实现超 400m、超 500m 的泵送的关键点。

4.17.2 关键技术措施

1. 泵送管道设计

混凝土泵送管道由水平管、竖管、弯管等组成，如图4-30所示。为了减低管道内的混凝土对泵送设备的背压冲击，混凝土管道的布设应遵循以下原则：

（1）地面水平管的长度应大于垂直高度的1/4；

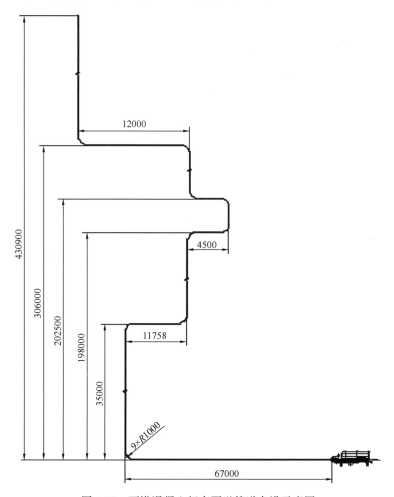

图4-30　西塔混凝土超高泵送管道布设示意图

（2）在地面水平管道上应布置截止阀；

（3）在相应楼层，垂直管道布置中应设有弯道。

2. 泵管材质要求

超高压泵送中，混凝土输送管是一个非常重要的因素。对于在使用 C60 以上的高强高性能混凝土时，黏度非常大，泵送高度高，泵送压力大，混凝土输送管采用 $45Mn_2$ 钢管，调质后内表面高频淬火，硬度可达 HRC45～55，寿命比普通管可提高 3～5 倍。弯管采用耐磨铸钢。

高层泵送时输送管道冲击大、压力高，从泵出料口到高度 200m 楼层之间采用壁厚达 12mm 的高强耐磨输送管。高度 200m 以上采用 10mm、400m 以上采用 7mm 壁厚的高强耐磨输送管，平面浇筑和布料机采用 125B 耐磨输送管。使用过程中应经常检查管道的磨损情况，及时更换已经磨损的管道。

（1）直管

管道均采用合金钢耐磨管，按照不同的楼层高度，选择不同的厚度以及使用寿命，如表 4-9 所示。

混凝土管道的选择 表 4-9

适用范围	型号	厚度（mm）	终极使用量（万 m³）
300m 以内布料机	125AG	12	8
300m 以上布料机	125AG	10	7
	125B	4	2

（2）弯管

采用半径为 1m、厚度不小于 12mm 的耐磨铸钢弯管，平面浇筑和布料机采用 125B 耐磨铸造弯管。

3. 管道连接密封形式

施工中，超高压和高压耐磨管道需承受很高的压力，安装好后不用经常拆装，我们采用强度更好的螺栓连接，采用 O 形圈端面密封形式。可耐 100MPa 的高压，并有很好的密封性能，如图 4-31 所示。

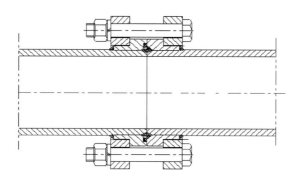

图 4-31 管道连接密封形式

普通耐磨管道承受的压力低，需经常拆装，我们采用外箍式，装拆方便，如图 4-32 所示。

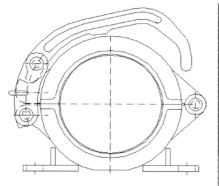

图 4-32 普通耐磨管道连接管

此外，每条泵送管路应设置 2 个液压截止阀（图 4-33），其主要有两个作用：一为泵出口 10m 处安放一个，用于停机时泵机故障的处理，当运行一段时间后，眼镜板、切割环等磨损后便于保养和维修以及管路的清洗和拆卸。二为在水平至垂直上升处安放一个，以减少停机时垂直混凝土回流压力的冲击。

超高压耐磨管道验算依据薄壁缸筒理论计算：

按：超高压耐磨管道 $\phi152\text{mm}\times12\text{mm}$（外径×壁厚），内径 $d=128\text{mm}$；高压耐磨管道 $\phi146\text{mm}\times10\text{mm}$（外径×壁厚），内径 $d=126\text{mm}$；普通耐磨管

图 4-33　截止阀

道 $\phi 133\text{mm} \times 4\text{mm}$（外径×壁厚），内径 $d = 125\text{mm}$，材质 45Mn_2 钢，$\sigma_b = 8850$，$\{\sigma\} = \sigma_b / n$，$\delta = pd/2\{\sigma\}$。计算结果如表 4-10 所示。

输送管壁厚 δ （mm）　　　　　　　　　　　　　　表 4-10

	p	$n = 2$	$n = 2.5$	$n = 3$	备注
超高压耐磨管道	250bar	3.6	4.5	5.4	安全
	300bar	4.3	5.4	6.5	安全
	350bar	5.1	6.3	7.6	安全
	400bar	5.8	7.2	8.7	安全
高压耐磨管道	250bar	3.5	4.4	5.2	安全
	300bar	4.2	5.3	6.4	安全
	350bar	5.0	6.2	7.5	安全
	400bar	5.7	7.1	8.6	安全
普通耐磨管道	100bar	1.4	1.8	2.1	安全

注：p 为工作压力，n 为安全系数。

4.18　超高层施工期垂直运输大型设备技术

在超高层建筑施工中，垂直运输的核心目标是安全高效地将人员和材料输送至指定的位置。人员和材料作为主要生产要素，能否将其高效地输送至作业面，直接影响到施工生产能否顺利开展。因此，垂直运输是超高层施工的生命线。施工电梯和塔式起重机则是这条生命线的关键载体，其中，塔式起重机主要负责重型钢构件、钢筋、模板、大型幕墙板块等的吊运，施工电梯主要负责人员、小型机械和材料等的运输。它们承担了施工项目绝大部分的垂直运输工作量，负责运输土建、钢结构、砌筑、机电、精装等所有专业的人员及材料，是最主要的垂直运输大型设备。为此，该技术所研究的垂直运输大型设备包括施工电梯和塔式起重机。

在超高层施工电梯和塔式起重机的体系设计中，重点需要考虑设备的选型、数量、布置、系统设计、具体爬升规划以及电梯永临转换等核心问题。在常规项目中，上述内容已经非常成熟，但在超高层施工中，尤其是百层高楼的施工中，上述核心问题尚有许多需要深入探究，并可以有所创新、总结的方面。

在设备的选型和数量方面，施工电梯的选型和数量，直接决定了人员及部分材料运输的效率，以及部分超长、超宽构件的运输成败。针对超高层大型设备的数量，尤其是施工电梯的数量分析方法在国内尚处于空白，摸索一套施工电梯数量的分析方法有重要意义。由于超高层的构件体形庞大、荷载超重、数量众多，所以，塔式起重机型号和数量的选择，直接决定了是否能满足重大构件吊装需求，并且充分发挥塔式起重机的吊装效率，实现成本控制、绿色施工的目标。

在设备的布置方面，施工电梯布置也需要考虑施工工况、幕墙封闭、楼内机电装修施工等诸多因素。塔式起重机的布置受到群塔防撞、顶升模架设计、结构承载能力以及平面堆场布置等诸多因素的影响和制约，需要进行充分的考虑和研究。

在系统的设计方面，针对电梯重点需要考虑不同工况下基础的设计，并且重点需要解决常规电梯不能直登顶模、爬模等施工作业平台的问题，彻底解决人员及材料无法高效进入施工作业面，并且在危险情况下无法快速安全疏散的难题。针对塔式起重机重点需要考虑支撑系统的设计，既需要满足快速施工、安全爬升的需求，又不能影响其他设备的施工作业。

此外，在施工电梯体系中，需要重点考虑永久电梯与临时施工电梯之间的转换，准确推算临时施工电梯拆除和室内永久电梯投入使用的时间点，既保证塔楼垂直运输的需求，又不能影响幕墙封闭以及室内砌筑、机电、精装等各专业的施工及竣工交付。

4.18.1 创新点

（1）创新提出以建筑高度、楼层数、工期、总建筑面积为参数的施工电梯数量计算拟合公式、精确计算施工电梯数量的理论公式，以及以"粗算精验"为思路结合拟合公式和理论公式分析超高层施工各工况所需电梯数量以及永久电梯和施工电梯转换时间点的方法，填补了国内外在此方面的空白。

（2）创新研发了双标准节施工电梯设计，有效保证电梯的整体稳定性，使施工电梯可直登顶模平台，极大地提高了垂直运输效率、降低了超高层建造过程中超高降效的影响。

（3）创新研发了各工况下施工电梯基础的特殊设计，避免了对楼层间砌筑、机电、装修等施工作业的影响，实现下部楼层功能区域提前交付使用。

（4）创新设计了无斜撑鱼腹梁内爬塔式起重机支撑系统和全螺栓鱼腹梁牛腿支座，有效解决了核心筒内塔式起重机与顶模系统相互制约无法周转的问题，避免了塔式起重机支撑系统安装过程中的悬空焊接作业，极大地提高了支撑系统的周转效率。

（5）创新研发一种塔式起重机辅助拆装系统，解决了传统内爬塔式起重机爬升过程中"一爬二停"（一台塔式起重机爬升将导致自身和另外一台塔式起重机无法吊装作业）的问题，有效释放塔式起重机吊次，提高了塔式起重机的效率，极大地节省了工期。

4.18.2 关键技术措施

1. 施工电梯系统创新设计

（1）直登顶模双标准节施工电梯的特殊设计

双标准节施工电梯主要通过运行标准节、连接架、辅助标准节、附墙架连接至建筑结构，标准节通过连接架连接后，强度及稳定性更高，辅助标准节通过特制的快拆临时连接附墙同钢平台连接，稳定性更高，确保施工电梯标准节附着间距达到 20m（图 4-34）。

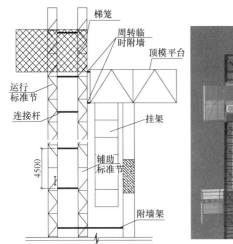

图 4-34　施工电梯上下顶模平台图

常规标准的施工电梯附墙间距范围为 2.5～4.1m，无法满足超远附着的要求，通过双标准节电梯的设计，实现运行标准节中心点和结构之间的水平距离达到 4.9～6m，使梯笼有效地避开顶模外挂架，保证梯笼和顶模顶升的正常运行（图 4-35）。

（2）顶模顶升前后电梯施工

双标准节电梯的特殊设计实现了直登顶模 20m 的超远垂直附着距离，但施工过程中特别需要注意附墙拆除及安装的流程，尤其是顶模顶升前后电梯的安全性，具体操作过程如下：

图 4-35　双标准节附着效果图

1）标准节竖向连接杆按每 4.5m 一道设置，附墙架按楼层标高设置（超过 6m 的楼层焊接辅助钢梁按 6m 每道设置），如图 4-36 工况一所示。

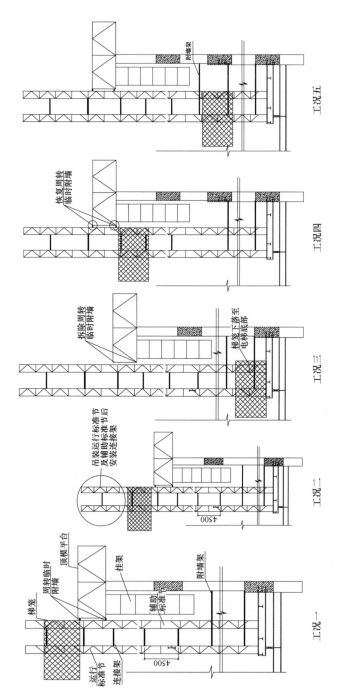

图 4-36 顶模顶升前后电梯施工操作流程图

2）在顶模顶升前，运用梯笼顶部操作平台先吊装标准节及辅助标准节的加节，后完成连接杆的安装，如图 4-36 工况二所示。

3）运用梯笼顶部平台拆除临时周转附墙后，将梯笼下落至最底层开始顶模的顶升，如图 4-36 工况三所示。

4）顶模顶升完成后开始恢复连接顶模平台桁架的 2 道周转临时附墙杆，按顶模 4.5m 的爬升步距，双标准节的最大附着间距已达 20m，此时施工电梯可正常运送人员上下顶模平台，如图 4-36 工况四所示。

5）最后完成辅助标准节与核心筒墙体连接的附墙架安装，保证电梯的稳定性，如图 4-36 工况五所示。

2. 施工电梯基础的特殊设计

（1）植根于底板的电梯设计与施工操作要点

施工电梯基础设置于地下室底板，为避免对结构楼层梁造成影响，在结构首层设计一个钢平台作为施工电梯基础转换平台，该转换平台的 4 道基础标准节支撑有效避开结构梁直落于底板上，如图 4-37 所示。

基础转换钢架平台底部采用 4 列 650mm×650mm×ϕ8mm 标准节作支撑。与标准节连接位置采用与标准节型号相同的圆管焊接于交点位置，下垫 25mm 厚钢板（采用标准节大小整块钢板焊接于平台上）。平台为桁架形式，尺寸为 3288mm×2855mm×810mm，其上下弦杆采用 I16 工字钢，腹杆为 I10 工字钢，其中轴力应力比较大的部分杆件采用 I16 工字钢（图 4-38、图 4-39）。

（2）楼层间钢结构基础的特殊设计

因百层高楼高度超高，施工电梯底部标准节需承受巨大的竖向荷载，电梯本身的设计高度受到限制，而且电梯安装部位结构楼板封闭，影响楼层间砌筑、机电、装修等施工作业本身的设计高度有限，故在超高层施工过程中考虑电梯转换的问题。以广州东塔为例，在不影响原外框钢结构的前提下设计措施钢梁作为施工电梯基础，具体如图 4-40 所示。

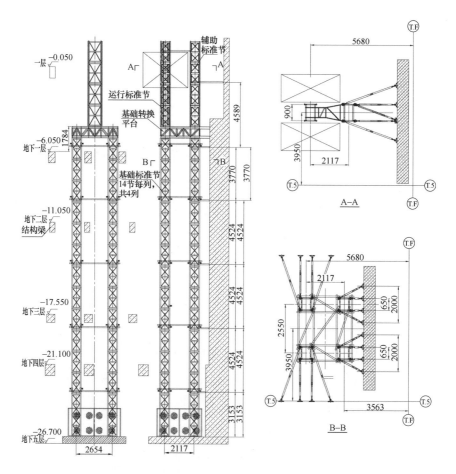

图 4-37　钢结构转换基础图

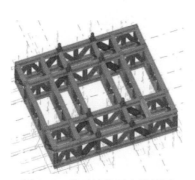

图 4-38　基础转换平台效果图

图 4-39　基础转换平台计算模型

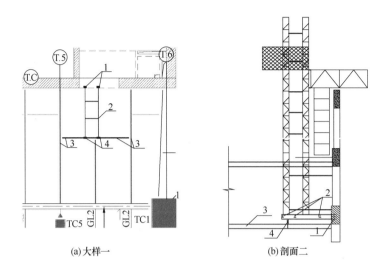

(a)大样一   (b)剖面二

图4-40 钢梁作为施工电梯基础示意

1—预埋件；2—支座钢梁；3—结构钢梁；4—支座

3. 首层施工电梯基础转换特殊设计

主塔楼南侧3～6号施工电梯基础落于底板，贯穿地下5层，为满足67层以下机电提前运营的工期要求，需将地下室电梯标准节提前拆除，同时需保证主塔楼地上人员及物资的垂直运输。

为解决上述难点，在裙楼施工至首层时设计特殊的电梯转换基座，并对局部结构梁进行加固，增加混凝土斜撑，巧妙地实现了地下室底板电梯基础与地下室顶板电梯基础之间的转换。

（1）首层混凝土电梯基础转换（图4-41）

（2）特殊转换基座

在标准节立柱上增加转换承托，转换承托采用Q345钢材焊接而成，将转换承托与电梯标准节进行焊接固定，在施工首层措施梁时预埋至措施梁内，以增大电梯标准节与措施梁间锚固力（图4-42）。

（3）措施梁、措施斜撑设计

由专业设计单位进行顶板加固及措施斜撑、措施梁设计，在现场施工过程

169

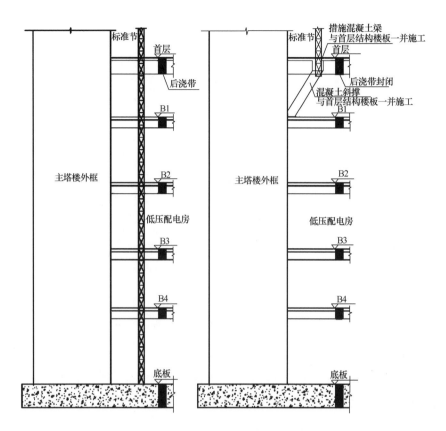

图 4-41 电梯基础转换剖面示意图

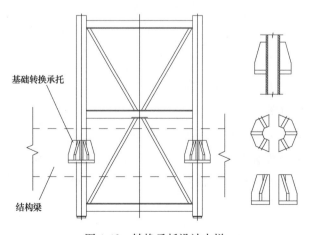

图 4-42 转换承托设计大样

中严格保证施工质量，并严格遵照专业设计方案进行现场施工，经现场电梯基础转换实际检验，完全满足现场使用及安全要求（图4-43）。

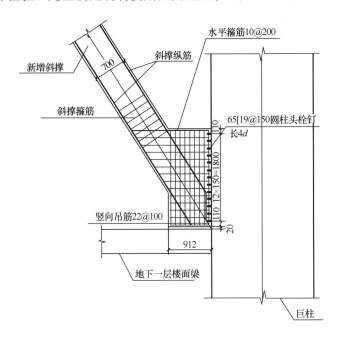

图4-43 措施梁斜撑设计图

4. 支撑系统的创新设计

现阶段，超高层项目采用内爬及外爬塔式起重机已经极为常见，但在塔式起重机的创新性研究上尚属不足，针对建筑行业推广绿色施工，如何在超高层施工中保证安装及质量的前提下，使塔式起重机在使用过程中安拆快捷、降低成本是垂直运输的一大难点，相比常规项目的塔式起重机使用，以广州东塔为例具体有以下创新性设计。

（1）无斜撑鱼腹梁的特殊设计

为了解决塔式起重机支撑梁与顶模支撑系统共用核心筒、筒内空间狭小无法布置水平和竖向斜撑的问题，通过增大箱梁截面并采用鱼腹梁设计，有效地提高了支撑系统主梁的竖向刚度和侧向刚度，取消了各种斜撑加固措施（图4-44、图4-45）。

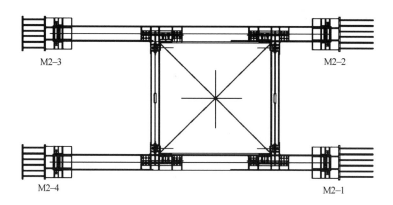

图 4-44　无斜撑支撑梁平面图

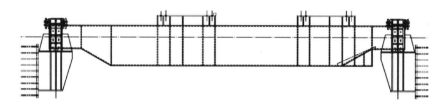

图 4-45　鱼腹梁剖面图

此外，根据计算分析显示，由于支撑梁侧向刚度偏弱，取消斜撑后，鱼腹梁的水平承载力（N_1 和 N_2）已不能完全抵抗塔式起重机的弯矩（M），部分弯矩将分别由塔式起重机自身承载，转化为标准节根部的两个竖向荷载（V_1 和 V_2）。额外的竖向荷载将引起塔身额外的竖向位移，并且引起塔身中部与抱箍 C 形框之间的相对移动，且由于 C 形框抱箍压力的作用，这种钢材与钢材之间的巨大摩擦挫动将会引起巨大的异响，影响塔式起重机的正常使用（图 4-46）。

为了解决这个问题，并且兼顾筒内空间狭小、塔式起重机周转困难的问题，故设计了一套附墙支撑，有效地增强了支撑梁的水平刚度，具体设计的三维模型如图 4-47 所示。

（2）全螺栓牛腿支座的特殊设计

塔式起重机内爬升过程中，垂直度的控制是保证塔式起重机安全及正常使用的重要内容，一般要求两道附墙之间误差不超过 2/1000，对于该工程选用

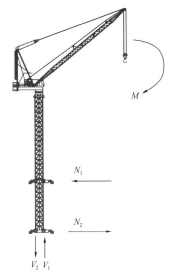

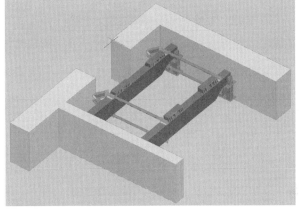

图 4-46　塔式起重机　　　　　图 4-47　塔式起重机支座水平横撑设计方案
　　　受力分析图

M1280D 及 M900D18～22m 的夹持距离，相当于 C 形框水平误差不超过 36～44mm。而实际施工过程中，混凝土剪力墙的厚度、支撑梁的加工尺寸、支撑牛腿的安装定位等均存在发生误差的可能性，如何保证塔式起重机标准节、C形框能按垂直度要求快速、准确安装成为一个难题。

塔式起重机自下向上逐步爬升，而标准节及 C 形框均属于厂家加工生产，精度较高，设计一套多维可调的牛腿与支撑梁的固定连接装置才能确保各个方面出现的施工、加工误差均不会影响 C 形框及标准节的安装精度。

该全螺栓牛腿支座包括预埋在墙体内的预埋件和预埋件上的支撑件全部厂内加工生产完成；支撑件上设有轴向限位牙块和一对对称设置的侧向限位组件，一对对称设置的侧向限位组件之间经两块压头板与支撑鱼腹梁头的定位组件螺栓连接，有效限制鱼腹梁轴向及竖向位移。

轴向限位牙块为焊接在上水平支撑板上表面的一块矩形厚钢板，轴向限位牙块的长度方向与预埋钢板的表面平行且水平设置，用以辅助控制支撑鱼腹梁的轴向位移，牛腿上水平板的侧向两端设置有一对对称分布的限位组件，侧向限位组件包括侧向限位柱及四个巨型顶块，顶块由侧向螺栓调节，有效承载鱼腹梁侧向水平力，并可调节鱼腹框的侧向定位（图3-22）。

首先将全螺栓牛腿支座和预埋件进行焊接，然后吊装就位无斜撑鱼腹梁后安装压头板固定鱼腹梁的定位组件后通过螺栓连接，最后通过两侧调节螺栓将鱼腹梁进行侧向固定，完成整个鱼腹梁及牛腿的安装过程（图4-48）。

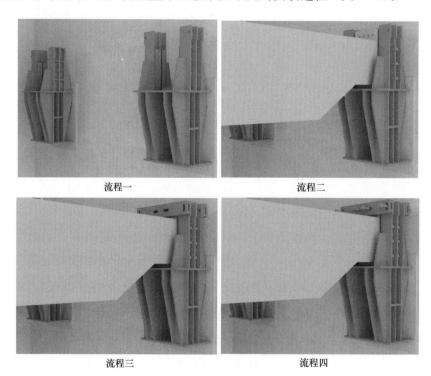

流程一　　　　　　　　　　　　　　流程二

流程三　　　　　　　　　　　　　　流程四

图4-48　安装过程

该全螺栓设计实现了对支撑梁端部三向（X、Y、Z向）的约束，同时三个方向上的约束都灵活可调，充分地向牛腿传递塔式起重机支撑梁的竖向和轴向荷载，限制塔式起重机支撑梁的轴向和竖向位移，并将其竖向荷载、轴向荷载传递给墙体。通过全螺栓的设计，使安装和拆除的过程高效、快捷，极大地提高了支撑梁的安拆效率。

（3）塔式起重机辅助拆装系统的设计及应用

由于东塔项目高度超高，在塔式起重机周转使用过程中，因构件多（梁头牛腿各散件、C形框、鱼腹梁的水平支撑等），周转时间长，且必须同时占用两台塔式起重机（受制于吊装的塔式起重机，被周转的塔式起重机自身必须停止作业，以防止碰撞），极大地影响了工期。为了解决这个问题，我们自主设计了一套辅助拆装系统。该系统附着于塔式起重机上部标准节，运用自带的吊装装置吊装较轻的构件（由于荷载较重，不允许吊装支撑梁和C形框），有效地释放了塔式起重机吊次，提高了塔式起重机使用效率，缩短了塔式起重机周转爬升的周期。

此外，此辅助装拆系统使用小型吊装装置，工效极高，有效地节省了巨型塔式起重机的柴油消耗，绿色节能（图4-49）。

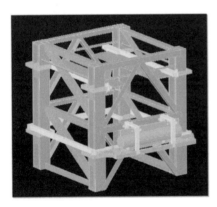

图 4-49　塔式起重机辅助装拆系统的设计和应用实况

该辅助拆装系统是在标准节上设计一套抱箍支架，即设计一套质量为5t的卷帘机和固定在塔式起重机上的抱箍进行连接，通过卷扬机下放钢丝绳吊装牛腿、支撑梁、C形框等小型构件，具体的辅助拆装流程如下：

塔式起重机爬升前先进行准备工作，辅助拆装系统处于暂停使用状态，待塔式起重机塔身经液压缸顶升完成后，通过塔式起重机辅助拆装系统的卷扬机将牛腿和鱼腹梁、C形框等构件吊装倒运，最后由塔式起重机辅助拆装系统经人工辅助完成鱼腹梁安装及小型构件的固定。

4.19 基于BIM的施工总承包管理系统技术

"基于BIM技术的施工总承包管理系统"是以广州周大福金融中心（下文统称广州东塔）总承包工程项目为载体展开研发及应用的。

广州东塔作为广州市的新名片、新地标，项目施工中采用施工总承包管理模式，项目体量庞大，工期紧张，分包众多，进度、图纸、合同等海量信息交互管理困难，各专业协调难度大；业主方为香港企业，采用典型的港资管理模式，即项目建筑、结构、机电、装修等专业设计不由一家固定的设计单位完成，而是聘用了十数个顾问公司，直接增加了总承包管理单位的管理难度，给总包管理带来了很多新的问题：

（1）顾问的设计以概念设计为主（机电、钢结构），具体的施工图及综合图需由总承包单位完成，深化工作量大，时间紧，任务重，涉及专业多，一旦出现错漏，将给总包带来工期和成本的巨大损失。

（2）深化设计需要经过十数家顾问公司的轮流审批，报审流程漫长，图纸追索定位困难，极为容易出现因为图纸审批过程的人为疏漏而引起的进度延误。

（3）顾问公司间各自为战，缺乏协调，设计的图纸往往矛盾众多（标高、定位、尺寸、形态、功能、做法等），修改量巨大，极大地增加了总包在进度、图纸管理及和各专业协同深化设计中的难度，更增加了总包各专业间协调的工作量及难度。

在项目开工初期，我们对市面上目前国内外大型的软件开发商及已有相对较成熟的BIM系统（Bently、Autodesk、ITWO、广联达、达索、鲁班、天宝等）进行了详细的走访和调研，并在调研之前，就目前这种港资管理下的施工总承包管理模式进行了详细的需求分解，并与所有调研对象进行了深入的探讨。经过调研和探讨发现，现存 BIM 系统多集中于三维模拟展示、进度模拟、工程算量、碰撞检查，且多为单点应用。而且，我们还发现市面上现有的项目管理软件主要存在如下问题：

（1）系统或者软件的开发主要通过项目流程梳理的思路开展，在国内各施工企业、各项目的管理链条和管理流程尚未标准化的现状下，通用性极低，很难被广泛地推广应用。

（2）各种专业软件数据格式不统一，信息集成困难。

（3）信息传递被动，更多地需要人为主动地从系统中项目实施过程的展示中了解，而缺乏系统对管理工作的主动性提醒、预警。

（4）各个部门实时信息与系统的互动主要通过表格填报的形式进行，通过过程记录填报，形成过程文档，文档数据量庞大，不能及时得到梳理，文档信息间也缺乏关联，不同部门间的各种信息仍然相对独立，容易形成信息孤岛，信息不能有效及时地传递。

所以，目前国内外尚未有任何一款 BIM 系统和管理软件能满足我们的施工总承包过程中对于综合建模、施工模拟、全专业碰撞检查、进度过程管控、工作面管控、图纸管理、工程算量、成本核算、合约商务管理、劳务管理、运营维护等全方位的技术和管理需求，亟须研究开发一款涵盖施工总承包管理领域各项业务需求的 BIM 系统，真正打通各项技术和管理功能。基于这一现实，我们决定自主开发一套 BIM 系统，并最终定义其为"基于 BIM 技术的施工总承包管理系统"。

4.19.1 创新点

1. BIM 系统设计与总承包管理的融合方面

（1）首次将 BIM 技术与施工总承包模式下的技术与管理相融合，提出了"基于 BIM 技术的施工总承包管理"的思路。利用自主研发的 BIM 技术手段，以涵盖施工总承包管理全方位信息的 BIM 模型为载体，以集成的各功能模块为工具，打通施工总承包模式下进度、资金、质量、安全、图纸、深化设计等所有管理和技术环节。

（2）通过标准化、模块化的新尝试，提升总包管理水平。针对国内项目管理个性化程度明显，标准化程度不高的突出问题，通过对施工总承包管理过程中标准业务的提炼，使之固化为系统中非常重要的组成部分，进而优化管理流程，通过标准化的手段，提升管理水平（建模流程，实体工作，配套工作，实体施工日报，工作面交接流程及表格，图纸管理台账，合同管理台账，每日现场管理的安全、质量等的记录文档等）。

2. 系统的技术研发方面

提出并率先实现了总承包大量信息与模型快速关联的方法。通过给模型每个构件和进度、图纸、合约条款等海量信息赋予相同的身份属性（栋号、楼层、分区、专业、构件类型），实现了海量信息自动快速的批量与对应模型构件集成的功能，极大地提高了信息与模型集成的效率和准确性，解决了人为手动将信息与模型逐条挂接过程中工作量巨大、人为疏漏频发、查错修改极为困难等问题。

创新设计并应用"实体工作库"和"配套工作包"，并通过自动提醒，使管理末端延伸至施工过程的各项业务。将实体工作及所有相关配套工作的内容、时间、逻辑关系模块化，积累生成130多个"工作包"，并通过自动提醒机制，使系统的管理末端延伸至项目各个部门的所有工作。各工作自动推送、多任务相互联动，信息传递高效、准确、及时，系统应用真正地"接地气"，而不是脱离生产及管理的一线业务。

创新设计并成功应用了工作面灵活划分技术，在建筑信息模型中，根据施工阶段、专业、管理范畴及管理细度的需求，灵活划分管理分区（工作面），将该区域内的进度、图纸、质量、安全、工程量等信息串联起来，极大地加深了总包管理的细度和深度。此外，可在系统中获取任意时间点该工作面的工作情况及各项信息。

首次实现了BIM系统基于一个平台的各业务模块间灵活拆分、自由组合的应用模式，满足项目管理"私属定制"的现状及需求。鉴于项目管理的不可控性（时间、天气、人员、设备等）以及项目的管理需求，该系统将所有业务拆分成单个模块（组件），以模型为载体，以数据为纽带，既可实现超大体量项目全功能模块的集成应用，亦可根据各个小项目的不同管理需求将各业务模块自由组合，"灵活插拔"，成本可高可低，功能可全可偏，既适用于总承包管理项目，同时亦适用于一般的小型项目。

3. 系统的实施效果方面

首次成功研发并应用了由施工单位主导的，完全贴合施工总承包模式下技术及管理需求的 BIM 系统，实现了全功能的集成应用。依据国内施工项目管理模式量身定制，利用 BIM 技术为施工现场管理提供全方位可视化、集成化的信息数据支撑，适用于施工总承包项目现场管理。该系统开发了进度管理、工作面管理、图纸管理、合同管理、成本管理、运维管理、劳务管理等多个模块，完全贴合内地和港资施工总承包管理模式的需求，实现了技术与管理各项功能的集成与应用，这是目前国内外的各种 BIM 系统和软件仍然未做到的。

通过大量数据的不断积累，支撑本系统在项目的成功应用，使项目在管理提升和成本节约方面取得了显著的效果。在应用后的短短半年内，模型和系统中快速积累生成了模型图元 977283 个、"工作包" 130 个、实体工作 754 项、清单 3700 余条、分包合同条款 660 余条、分包合同费用明细 3400 余项、各类业务台账登记输入模板 100 余个；发现多专业碰撞点共计 39176 处；发生模型、进度、图纸、工程量、图纸、签证、变更、合同、清单等海量信息交互应用共计 1161578 次。由这些数据可以直观地看出，系统的应用给项目带来了巨大的好处，显著地提升了管理的效率，节省了巨大的成本。

4.19.2 关键技术措施

1. 常规 BIM 功能

（1）模型集成与版本管理

该系统模型的应用是将各专业建立的模型文件（钢结构、机电、土建算量、钢筋翻样）导入 BIM 平台，以此作为 BIM 模型的基础，并实现对文件的版本管理，作为 BIM 应用的基础模型。

该项目在模型集成方面实现了很大的突破，土建专业建模以满足商务土建翻样和算量的要求为准，采用广联达算量软件建模；钢结构深化设计采用 Tekla 软件建模；机电深化设计采用 MagiCAD 软件建模。该项目将各专业软件创建的模型按照该项目特有的编码规则进行重新组合，在 BIM 系统中转换成统一的数据格式，形成完整的建筑信息模型，在 BIM 模型平台提供统一的模型浏览、信息查询等操作功能，并极大地提升了大模型显示及加载效率，从而真正意义上实现了超高层项目或其他建筑面积、体量大项目的 BIM 模型整合应用。

BIM 平台提供的版本管理，可以将变更后的模型更替到原有模型，产生不同的模型版本，平台默认显示最新版本模型。同时，更新模型时，可以通过设置变更编号作为原模型与变更后模型的联系纽带，实现可视化的变更管理。在变更计算模块，通过选择变更编号以及对应的模型文件版本，可自动计算出变更前后模型量的对比，便于商务人员进行变更索赔。

（2）三维可视化的施工模拟交底

通过国际 BIM 数据交换标准，BIM 平台实现了各专业建模软件的模型集成和整合，并提供统一的模型浏览及复杂节点和关键部位的施工模拟交底。

在模型中，可以使用漫游、旋转、平移、放大、缩小等通用的浏览功能，并可以对模型进行视点管理，即在自己设置的特定视角下观看模型，并在此视角下对模型进行红线批注、文字批注等操作，保存视点后，可随时点击视点名称切到所保存的视角来观察模型及批注。最后，还可以根据构件类型、专业、所处楼层等信息快速检索构件。另外，模型中还可以根据需要设置切面对模型进行剖切，展示复杂节点中各专业的空间逻辑关系（图 4-50）。

（3）BIM 模型中各业务信息的多维度快速获取

在 BIM 模型中，可以根据专业、楼层，快速获取指定构件的属性信息（材质、强度、配筋、混凝土强度等级、厂家、生产日期等），还可快速获取构件相关进度信息、图纸信息（指令内容、图纸版本、变更情况等）、工程量

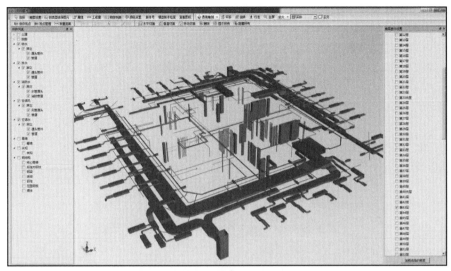

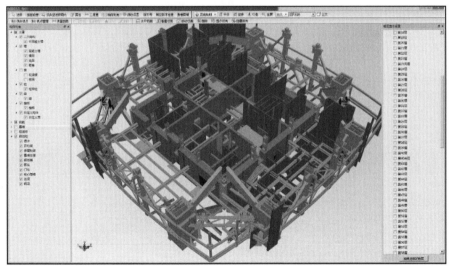

图 4-50 系统中模型展示

（模型算量、清单工程量、分包报量）、成本等一系列的信息。

如图 4-51 所示，进入平台查看模型，选择钢结构柱构件后，我们可以通过点击属性按钮查看巨柱的属性信息，包括：材质、强度、配筋、混凝土强度等级等。点击工程量按钮可以查询该巨柱所用的钢板规格及数量。点击查看图

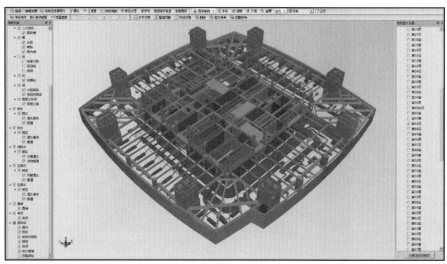

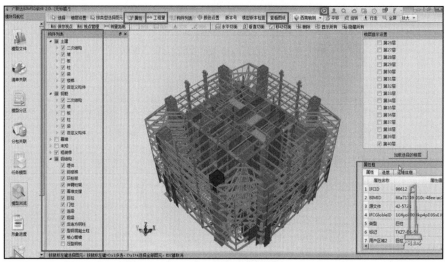

图 4-51　多维度查询

纸，可以查询与该构件相关的所有图纸及其附件。同时，我们可以按照栋号、楼层、专业、构件类型等过滤条件快速选择自己所需要的模型。

（4）深化设计及碰撞检查模块

利用本系统深化设计功能，我们可以将平面的二维图纸变成生动形象的三维可视化模型，尤其是机电综合管线 CSD 图、钢结构复杂节点以及土建、钢结构、砌筑、机电等各专业间的综合深化设计，管线的长短、走向、标高、碰撞一目了然，钢结构复杂节点的连接形式及设计的合理性更加直观具体，使单专业及各专业间的设计能得到极大的优化，使机电管线及钢结构构件能够精准下料，避免了大量的现场二次加工及由设计错误引起的返工（图 4-52～图 4-54）。

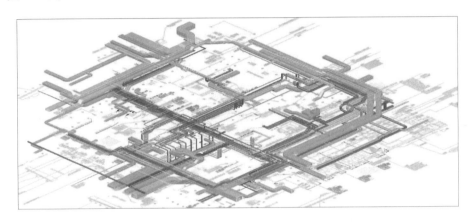

图 4-52　机电专业深化设计

图 4-53　钢结构专业深化设计

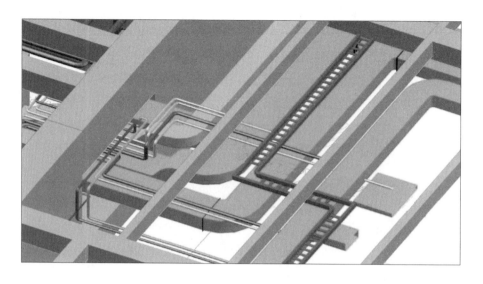

图 4-54 多专业综合深化设计

BIM 系统将各专业深化模型海量的信息及数据进行准确融合，完成项目多专业整体模型的深化设计及可视化展示。同时，可以根据专业、楼层、栋号等条件定义，进行指定部位的指定专业间或专业内的碰撞检查，实现不同专业设计间的碰撞检查和预警，直观地显示各专业设计间存在的矛盾，从而进行各专业间的协调与再深化设计，避免出现返工、临时变更方案甚至违规施工现象，保证施工过程中的质量、安全、进度及成本，达到项目精细化管理目标。例如，在二次结构及机电安装专业施工前，可进行这两个专业的碰撞检查，对碰撞检查结果进行分析后，对机电安装专业进行再深化，避免实际施工过程中出现的开洞或者返工等现象，也可以为二次结构施工批次顺序的确定提供有效的依据。

我们在 23 层桁架层通过碰撞检查辅助深化设计，在传统的深化设计方案确定后，通过 BIM 模型进行验证，发现依然存在机电管线碰撞问题 300 余处，其中，重大问题 7 处。为深化设计团队提供三维可视化的界面参考，同时基于 BIM 模型进行再次的深化设计方案设计（图 4-55）。

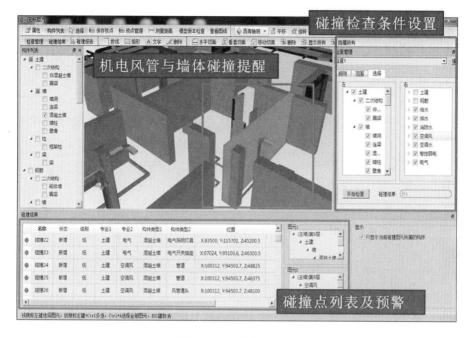

图 4-55　碰撞检查界面

（5）快速获取工程量，便于现场物料管控

传统施工现场管理中，物资采购计划要花费大量人力及时间计算工程量，而且存在误差，造成一段时间内材料进场存在过多或不足现象。而材料进场过多，其堆积会造成现场平面布置混乱、材料浪费，存储管理费用庞大；材料进场不足则会造成现场施工进度计划严重受影响，造成工人、大型机械窝工等资源浪费。

基于BIM的现场施工管理中，相关管理人员可以在BIM模型中按楼层、进度计划、工作面及时间维度查询施工实体的相关工程量及汇总情况，包含土建、钢筋、钢结构等专业的总、分包清单维度的工程量汇总及价格，为物资采购计划、材料准备及领料提供相应的数据支持，有效地控制成本并避免浪费。例如，物资人员可以根据目前现场施工进度，结合进度计划，查询到接下来一个月现场施工安排以及模型情况，在模型中，可以直接获取各材料的工程量，便于对未来一个月的材料进场进行安排。

同时，与传统模式现场管理人员只知施工、不懂商务、不知价格的情况不同，BIM 模型中可以查看清单价格及模型量总价，可以逐渐培养各现场管理人员的商务意识和成本意识（图 4-56）。

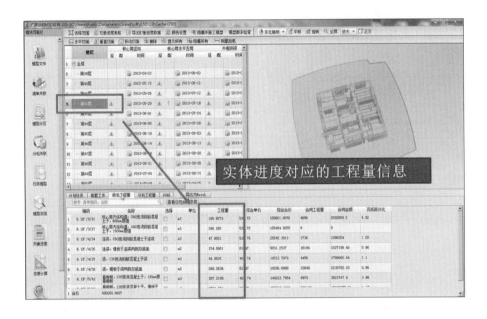

图 4-56　实体进度对应的工程量查询

2. 创新 BIM 功能

（1）全过程信息与模型的关联集成

该系统通过制订一系列的关联规则及编码，将进度计划、实际进度、工作面、合同、成本、图纸、质量安全问题等海量施工全过程信息与对应的 BIM 模型构件及分区关联集成，并将模型、数据、文档分块存储、集成应用。形成了以模型为载体和纽带，各业各部海量信息互通互联的统一体，为施工总承包管理各环节的过程管控提供了详尽的信息支撑（图 4-57、图 4-58）。

通过在 BIM 模型上建立分区，确定分区和其他的属性值的方式进行进度计划与 BIM 模型的双向关联。

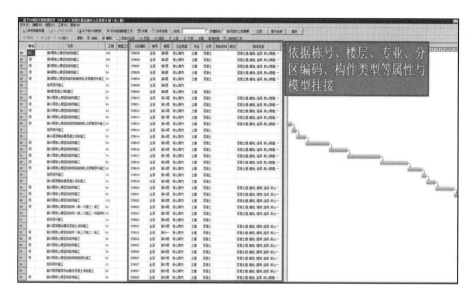

图 4-57　进度依据相应属性、编码与模型关联

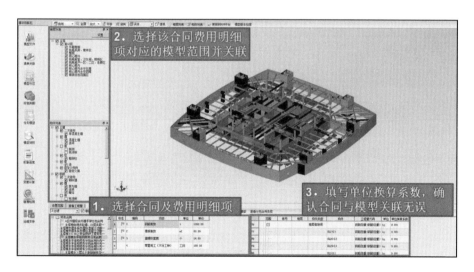

图 4-58　合同与模型关联详情

结构专业的分区如图 4-59 所示。

机电专业的分区如图 4-60 所示。

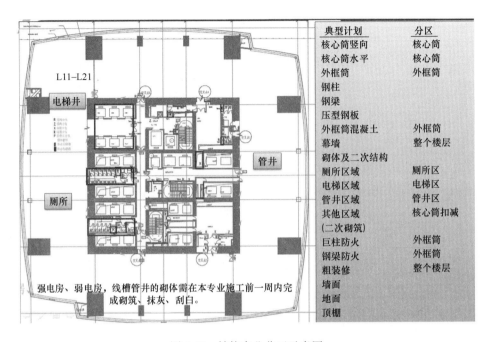

典型计划	分区
核心筒竖向	核心筒
核心筒水平	核心筒
外框筒	外框筒
钢柱	
钢梁	
压型钢板	
外框筒混凝土	外框筒
幕墙	整个楼层
砌体及二次结构	
厕所区域	厕所区
电梯区域	电梯区
管井区域	管井区
其他区域	核心筒扣减
(二次砌筑)	
巨柱防火	外框筒
钢梁防火	外框筒
粗装修	整个楼层
墙面	
地面	
顶棚	

强电房、弱电房、线槽管井的砌体需在本专业施工前一周内完成砌筑、抹灰、刮白。

图 4-59 结构专业分区示意图

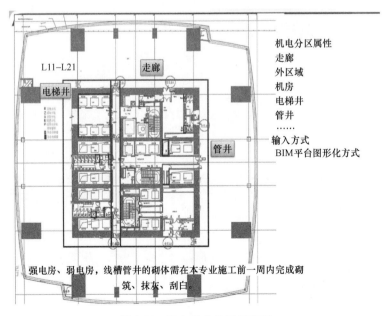

机电分区属性
走廊
外区域
机房
电梯井
管井
……
输入方式
BIM平台图形化方式

强电房、弱电房、线槽管井的砌体需在本专业施工前一周内完成砌筑、抹灰、刮白。

图 4-60 机电专业分区示意图

1）结构专业 BIM 模型关联属性

土建专业模型的进度关联属性包括：栋号、专业、分区、楼层、分项/工序、构件类型、施工批次等，如图 4-61 所示。

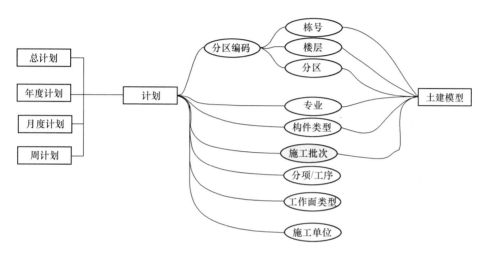

图 4-61　土建专业模型关联属性

结构专业中的关联属性的输入方式及规则，参见表 4-11。

结构专业关联关系表

表 4-11

序号	属性	土建 GCL	钢构 Tekla
1	栋号	文件属性	文件属性
2	楼层	建模时输入	根据构件编码确定
3	分区	BIM 平台划分	BIM 平台划分
4	专业	根据系统确定	根据系统确定
5	主支立末	不需要	不需要
6	顶地墙	只有二次结构部分需要吊顶、墙面、地面构件	不需要
7	预留预埋	不需要	不需要
8	类型/部件设备名称	构件属性	构件属性
9	材质	构件属性	构件属性
10	规格型号/管径	构件属性	构件属性

2）机电专业 BIM 模型关联属性

机电专业进度计划与 BIM 模型关联的主要属性包括：栋号、分区、专业、系统、管道类型（主支立末）、结构部位（顶地墙）、分项、施工单位等，如图 4-62 所示。

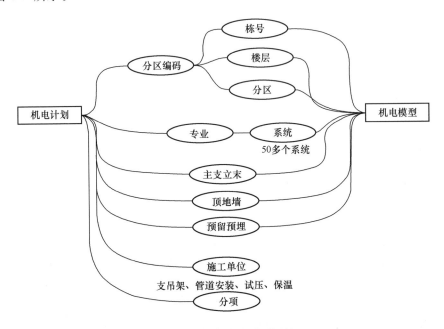

图 4-62　机电专业关联属性

机电专业中的关联属性的输入方式及规则，参见表 4-12。

机电专业关联关系表

表 4-12

序号	属性	给水排水 MagiCAD	电气 GQI	暖通 MagiCAD
1	栋号	文件属性	文件属性	文件属性
2	楼层	建模时输入	建模时输入	建模时输入
3	分区	BIM 平台划分	BIM 平台划分	BIM 平台划分
4	专业	根据系统确定	根据系统确定	根据系统确定
5	主支立末	状态属性	构件属性	状态属性
6	顶地墙	用户变量1	构件属性	用户变量1
7	预留预埋	用户变量2	构件属性	用户变量2
8	类型/部件设备名称	构件属性	构件属性	构件属性
9	材质	构件属性	构件属性	构件属性
10	规格型号/管径	构件属性	构件属性	构件属性

（2）进度管理模块

1）三维动态的实体进度展示

通过每日实体工作在系统进度中的录入以及系统中进度计划与模型的关联挂接，创新性地实现任意时间点现场实时进度的三维动态展示，管理人员可以通过三维模型视图实时展示现场实际进度，可以获取任意时间点、时间段工作范围的 BIM 模型直观显示，有利于施工管理人员进行针对性工作安排，尤其是有交叉作业及新分包单位进场情况，真正做到工程进度的动态管理（图 4-63）。

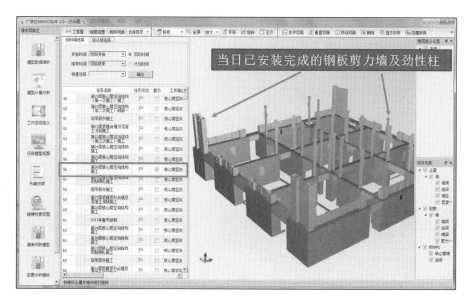

图 4-63　三维动态展示

2）及时准确获知进度计划各任务项相关配套工作开展的情况

传统的计划管控细度仅仅局限于实体工作任务，进度计划的编制也仅编制至实体工作的层级，而实体工作任务背后所对应的所有配套工作（方案编制、深化设计、图纸报审、材料采购、设备进场等）没有在进度计划图表中得到明确的表述，各配套工作之间的逻辑关系更是模糊不清，各配套工作具体开展的时间以及相互之间的前后关系则是通过各业务口的管理人员凭借经验开展，各配套工作的进度情况则通过会议、部门间口头沟通传递，信息传递方式落后，传递效率低，信息碎片零散，容易因为人为的疏漏和理解的错误发生偏差，进而导致工程进度滞后及成本的损失。东塔 BIM 系统创新提出实体工作包和配套工作库的定义，将具有一定施工工序的实体工作以及具体实体工作背后关联的所有配套工作根据其逻辑关系模块化、标准化。这些与进度相关的所有标准化的实体工作及关联的配套工作被积累存储，并通过给其赋予与模型构件相同的身份属性，实现与模型构件的对应关联，实现了管理人员实时掌握所有实体工作所对应配套工作的进度情况，将进度管控延伸至总包管理的每一项具体工作，实现了更加深入和细致的进度管控。

实体工作包，将工序级任务按照具体的工序或者先后之间的逻辑关系整理成一个个实体工作模块，包含工作任务、资源情况、功效分析等数据，便于在创建施工进度计划的时候能够快速套用实体工作包来生成合理的进度计划。如图 4-64 所示，每个带双层劲性钢板剪力墙的标准层的施工工序主要包含了钢板墙的吊装、校正、焊接、探伤、墙柱钢筋的绑扎、顶模顶升、合模、混凝土

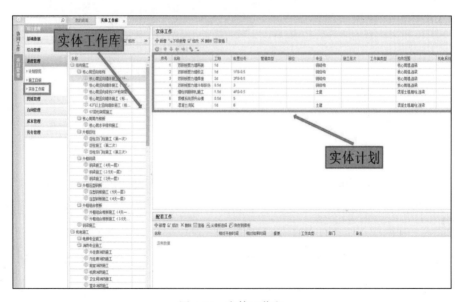

图 4-64　实体工作包

浇筑等多道工序，每道工序施工的先后顺序、完成时间相对固定，可以打包成一个标准的施工模块，并在进度编制的过程中快速链接，批量复制。

同时，我们定义了配套工作库，将实体工作任务背后所对应的所有配套工作（方案编制、深化设计、图纸报审、材料采购、设备进场等）进行梳理，与进度计划任务项进行挂接，通过进度的发展状况将配套工作管理起来。如图 4-65 所示，"结构施工"是一道实体工作，与其对应的配套工作包含了"钢结构、模板、钢筋、混凝土的供应商招标、加工制作、进场验收"等的一系列工作内容，这些工作内容完成时间、负责部门、相互之间的逻辑关系相对固定，通过梳理统计，将其定义为一个标准的模板库，在计划编制的过程中与实体工作挂接，在实体工作发生前的一段时间内，通过自动推送、实时提醒等功能，让所有责任部门了解眼下需要开展的具体工作。

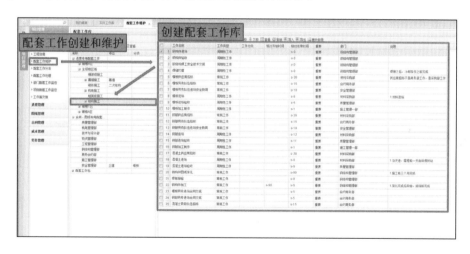

图 4-65　配套工作库

同时，BIM 系统会将与进度计划挂接的配套工作，根据职责分工自动分派至相应部门，再由部门负责人将配套工作落实至具体实施人，实现切实可执行的进度计划。系统会对责任人进行配套工作的提醒和预警，保证现场管理工作及时、按时完成。同时，通过施工日报对现场实际进度的反馈，实现了计划和实际的对比，可以依据配套工作完成情况追溯计划滞后、正常、提前的原因，真正做到责任到人的精细化管理（图 4-66）。

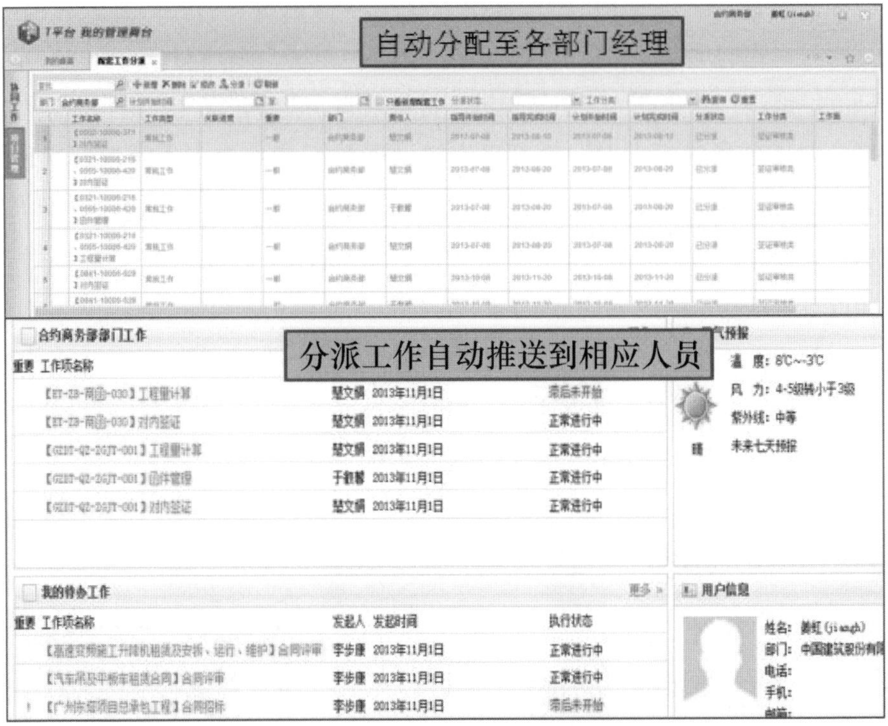

图 4-66 工作自动分配至部门经理及相关人员

项目通过对实体工作及配套工作的实时管理，通过 BIM 模型将数据直观展示出来，每一个项目成员均能通过模型去选择一个任意构件，查询这个构件相关的施工任务开展情况及配套工作开展情况。如图 4-67 所示，点击一根梁模型，查看该梁目前的施工任务，目前该梁已全部滞后完成，配套工作均已完成。

该项目通过项目的实施，积累了实体工作包 70 多个，包含具体实体工作 336 种；积累了配套工作包 60 多个，包含具体配套工作 418 种。随着项目的不断开展及其他项目的不断累积，逐渐形成企业的工作标准库，可在其他项目中进行广泛的复用。

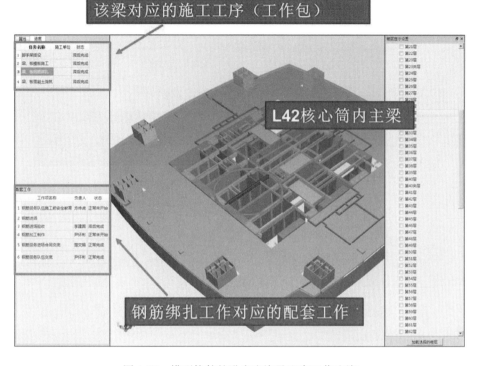

图 4-67　模型构件的进度查询及配套工作查询

3）关键节点计划偏差自动分析和深度追踪

通过施工日报反馈进度计划，在施工全过程进行检查、分析、时时跟踪计划，创新性地实现进度计划与实际进度的实时对比，相关人员可以通过偏差分析功能查看实际进度与计划进度的偏差情况，并可追踪到具体偏差原因，实时掌握实体工作及配套工作滞后情况，便于在计划出现异常时及时对计划或现场工作进行调整，保证施工进度和工期节点按时或提前完成。

传统的施工项目进度管理是按部就班人工制订施工计划、执行计划、人为跟踪、人为协调相关部门配合工作的开展，虽然项目能够完成，但过程中会耗费大量的人力、物力。近年来，随着信息技术和 BIM 技术在施工项目上的应用，把建筑实体模型和信息技术结合应用到施工进度管理中，会更形象、直接地指导实操人员的操作，也能让管理者时时、清晰地了解项目的进展情况，更好地进行决策（图 4-68）。

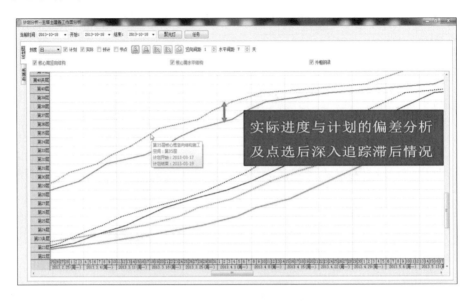

图 4-68　进度对比分析

4）每个人工作任务的及时提醒

传统施工管理中，经常会出现因施工现场工作繁多杂乱而造成工作人员遗漏、遗忘某些工作，从而引起施工进度滞后等现象。例如，钢筋的材料计划因为现场管理人员工作繁忙而遗忘，致使晚提交 2d，造成施工现场因钢筋材料不足造成窝工 2d。又如现场管理人员将钢筋材料计划提交到物资部门时，物资部门暂时无人，计划被直接放置在办公桌上，而提计划者因工作繁忙并未再次通知物资人员，容易造成材料计划遗失，最终造成项目工期及成本的浪费。而基于 BIM 的项目管理系统中，配套工作根据各部门职责自动推送给各部门负责人，部门负责人将工作分派给具体执行人，配套工作分派后，被分派人在自己的项目管理系统界面会有自动提醒，做到每个人的工作均自动台账管理，创新性地将项目各部门的具体日常工作信息集成到 BIM 模型中，通过系统的时效设置，及时自动提醒各项工作的开展，并对滞后工作作出预警，成功解决了施工现场实际工作中个人配套工作处理遗忘遗漏造成的损失，以及各部门间人员协调配合不到位造成的现场进度失控问题（图 4-69）。

图 4-69　个人工作提醒

（3）工作面管理模块

工作面并不是一个固定的区域，随着工程的推进，不同专业的进驻，工作面的交接，工作面区域的划分是在变化的，是一个动态管理的区域。结构施工阶段，施工专业主要包括土建、钢构，那么工作面可以根据施工的先后工序定义为核心筒竖向结构施工工作面、核心筒水平结构施工工作面、外框巨柱施工工作面、外框钢梁施工工作面、外框压型钢板施工工作面；在砌体、幕墙、机电、装修等专业逐步插入后，工作面又根据各专业施工区域进一步细分，甚至于同一个楼层内，东面已经完成砌筑并已经移交机电专业，西面正在砌筑，则同一楼层也可以被划分为东面的机电施工工作面（图 4-70）和西面的砌筑施工工作面。由上可知，工作面即是根据专业划分的具体管理区域。

在工作面管理中，总承包单位首先需要明确具体的工作面边际，也就是工作面的具体管理范围，在这个范围内，需要明确具体的施工内容、施工进度、技术资料情况、施工工序、成品保护工作、质量安全管控、人员投入、设备使用、材料管控，并进一步明确完成后移交的单位及所需要交接的具体事宜。

工作面管理还需要具备回溯的功能，因为在同一工作面内多专业施工过程中，往往会由于成品保护、场地清理、交接时间点、施工进度滞后等问题产生相互影响和相互制约的情况，则总承包单位需要根据对具体工作面的回溯、查

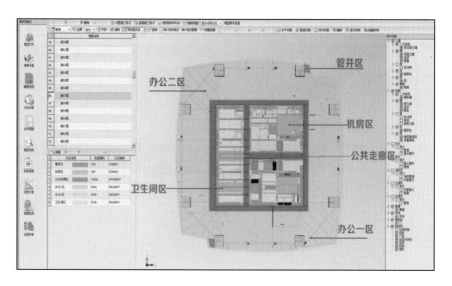

图 4-70　标准层机电分区图

询，进行公正公平的评判和协调；同时，在商务结算的时候，往往需要回溯、查询具体时间点以及某一时间段内具体施工的内容以及完成的工作量，为结算提供足够的依据。

　　所以，该系统中创新性地引入工作面管理概念，根据不同阶段各专业的施工范围、管理内容及管理细度等需求，灵活划分管理区域。在工作面管理中，可以通过 BIM 系统直观展示现场各个工作面的施工进度状况，掌握现场实际施工情况，并跟踪具体的工序及施工任务完成情况、配套工作完成情况以及每天各工作面各工种投入的人力情况等。同时，系统支持随时追溯任意时间点工作面的工作情况，也可以查看各工作面对应的配套工作详细信息及完成情况。在各工作面上根据需要显示不同的时间，例如可以显示计划开始时间、计划结束时间、实际开始时间、实际结束时间、偏差时间等，可以直观展现各工作面实际工作情况与计划的对比。工作面管理的实现，为项目上协调各分包单位有效合理地开展施工工作提供了有力的数据支持，实现项目精细化管理。

　　BIM 项目管理系统设置了工作面交接管理台账，针对每一次的工作面交接进行记录，包括工作面名称、交接日期、楼层、专业、交接单位、总包代表、工作面交接质量安全情况等诸多信息。从而达到随时追溯，随时查询的效果，为协调和管理分包的施工工作开展提供有效的数据支持。例如，当二次结构进场准备开展施工工作前，要对准备开展工作的工作面与主体结构单位进行交接，明确以后该工作面包括安全防护、建筑垃圾清理在内的工作归属，并签订工作面交接单，总包单位代表见证，将工作面交接单录入 BIM 系统留档，随时可以进行查询、追溯工作范围归属，避免造成纠纷，便于分包管理和协调工作（图 4-71）。

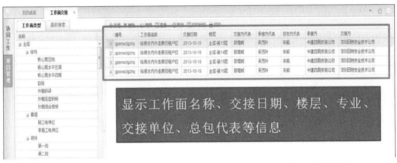

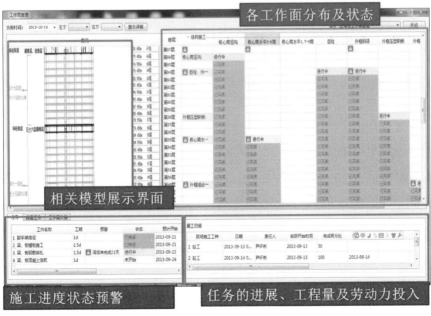

图 4-71 工作面查询示意

（4）图纸管理模块

项目施工管理过程中，均会存在图纸繁多、版本更替频繁、变更频繁等现象，传统的图纸管理难度很大，也经常会因为图纸版本更替或变更信息传递不及时造成现场施工返工、拆改等情况的发生。因此，图纸信息的及时性、准确性、完整性成为项目精细化管理的重中之重。广州周大福金融中心项目 BIM 系统图纸管理模块实现图纸与 BIM 模型构件的关联，可以快速查询指定构件的各专业图纸详细信息，包括不同版本的图纸、图纸修改单、设计变更洽商单、技术咨询单以及答疑文件等。在与图纸关联后的 BIM 模型中，提醒变更部位及产生的影响，包括提醒有变动、提醒变动内容和工程量、提醒是否已施工、提醒配套工作完成进度等，可以更高效准确地完成图纸变更相关施工。同时，针对相关专业的深化图纸还有申报状态的动态跟踪与预警功能。高级检索功能可以在海量的图纸信息中，根据条件快速检索、锁定相应图纸及其信息，图纸申报管理中功能相同。我们可以想象，在传统图纸管理模式下，要查询某一部位的详细做法可能需要同时找到十几张图纸对照查看，这至少需要 2～3 人花费大概 1h 的时间才能完成，而 BIM 系统中的图纸管理模块的应用，只需要在高级检索中输入条件即可查到，支持模糊搜索，速度与传统模式相比较快了不知多少倍，更是节约了大量的时间和人力。

BIM 系统的图纸管理模块实现了模型构件与图纸的三维空间图纸台账，可以快速查询指定构件的各专业图纸详细信息，包括不同版本的图纸、图纸修改单、设计变更洽商单、技术咨询单以及答疑文件等。

针对海量机电、钢构及专业分包深化图纸数量大、报审流程长、审批过程跟踪困难等问题，设计申报状态的动态跟踪与预警功能，实时跟踪深化图纸的申报送审过程，并自动生成分类分析统计台账。

东塔项目有近千份施工图纸，每份图纸都有多个版本，同时包含图纸修改单、设计变更洽商单、技术咨询单等诸多文件，现场图纸管理难度很大。项目开发 BIM 系统图纸模块，将每次业主下发的施工图纸录入系统，针对每张图纸进行版本管理，同时录入相应的图纸修改单等附件，形成图纸管理台账，项目部所有工作人员，在 BIM 系统平台随时根据各自需要查询相关图纸(图 4-72)。

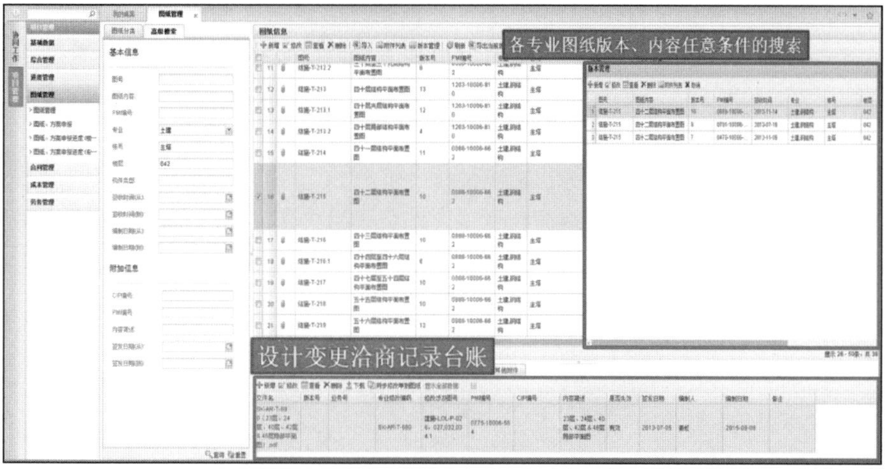

图 4-72　快速查询图纸及图纸相关资料示意

传统的项目图纸管理采用简单的替代管理模式，由技术人员对项目进行定期的图纸交底。当前大型项目建筑设计日趋复杂，设计工期紧，业主方因商户要求都客观上造成了边施工边变更的情况。当传统的项目图纸管理模式遇到频繁的海量变更时，立即暴露出了低效率、高出错率的弊病。

BIM 系统图纸管理实现对海量多专业图纸的清晰管理，实现了相关人员任意时间均可获得所需的全部图纸信息的目标。BIM 系统图纸管理具有如下特点：

1）图纸信息与模型信息是一一对应的。这表现在任意一次图纸修改都对应模型修改，任意一种模型状态都能找到定义该状态的全部图纸信息（图 4-73）。

2）BIM 系统内的图纸信息更新是最及时的。根据 BIM 系统工作流程，施工单位收到设计图纸后，由模型维护组成员先录入图纸信息，并完成对模型的修改调整，再推送至其他部门，包括现场施工部门及分包队伍，用于指导施工，避免出现用错图、旧版图施工的情况。

3）系统中记录的全部图纸的更新替代关系明确。不同于简单的图纸版本

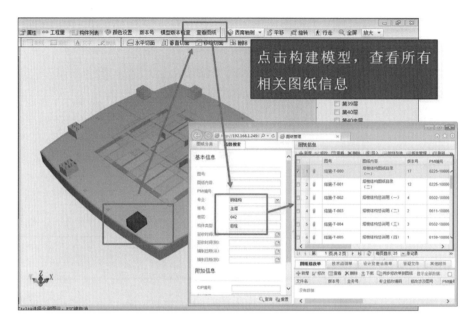

图 4-73　模型查询图纸示意

替换，全部的图纸发放时间、录入时间都是记录在系统内的，必要时可供调用（办理签证索赔等）（图 4-74）。

4）BIM 系统的图纸管理是全专业的。往往各专业图纸分布在不同的职能部门（技术部、机电部、钢构部），查阅图纸十分不便。BIM 系统要求各专业都按统一的要求去录入图纸，并修改模型。在模型中可直观地显示各专业设计信息。

（5）合同与成本管理模块

在 BIM 系统中所有人都可以根据需要随时查看总包合同、各劳务分包合同、专业分包合同以及其他分供合同信息和合同内容，便于现场管理及成本控制。BIM 模型可以实现工程量的自动计算及各维度（包括时间、部位、专业）的工程量汇总。该系统创新性地将 BIM 模型与总、分包合同单价信息关联，在模型中可针对具体构件查看其工程量及对应的总、分包合同单价和合价信息（图 4-75）。

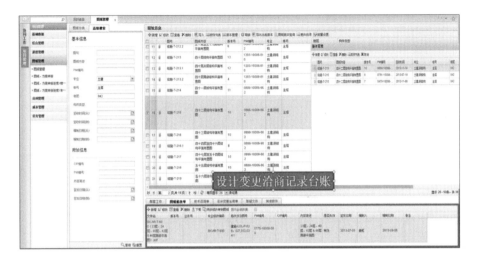

图 4-74 图纸版本及相关附件查询示意

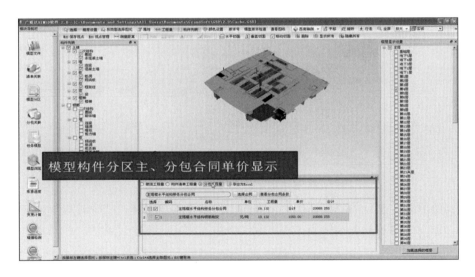

图 4-75 模型的总分包合同清单查询示意

报量（包括业主报量和分包报量）时，可根据进度计划选择报量的模型范围，自动计算工程量及报量金额，便于业主报量的金额申请与分包报量的金额审批。总包结算与各分包结算同样可以在 BIM 系统中完成。另外，分包签证、临工登记审核、变更索偿等功能均可在 BIM 系统中实现。

同时，BIM项目管理系统中可以自动进行成本核算，自动核算出某期的预算、收入和支出，实现了预算、收入、支出的三算对比后，可以直观通过折线图查看成本对比分析和成本趋势分析，更直观、更准确、更方便（图4-76）。

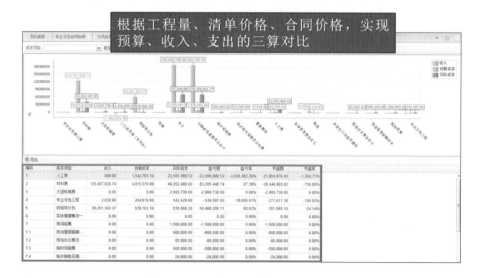

图4-76　三算对比示意

（6）运维管理模块

BIM模型中包含构件、隐蔽工程、机电管线、阀组等的定位、尺寸、安装时间，以及厂商等基础数据和信息，在工程交付使用过程中，便于对工程进行运维管理，出现故障或情况时，提高工作效率和准确性，减少时间和材料浪费以及故障带来的损失（图4-77）。

该系统可兼容多款机电BIM建模软件，在BIM集成模型中可对各专业管道内风、水系统流向性进行重新计算和设置，通过风、水系统的流向进行影响区域的分析，便于运维人员根据影响区域实际情况制订维修方案（图4-78）。

（7）劳务管理功能

该系统对现场劳动力的数量、工种、进出场情况、工人信息、工人出勤信息进行了统一的管理，既可以保证施工现场安全交底的落实以及进度计划的完

图 4-77　设备运维信息查询示意

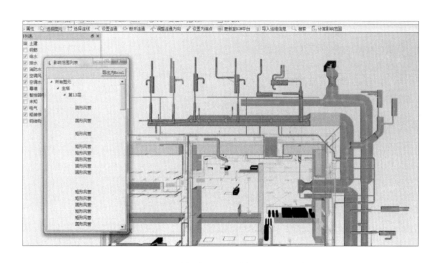

图 4-78　管道流向性信息查询示意

成，也可以有效解决和避免一些劳务纠纷，便于协调解决工人与工人之间、各分包与分包之间存在的一些纠纷和问题。在进度管理方面，了解、掌握每天现场各工作面的劳动力人数、分包单位、工种等信息，可以更好地进行现场进度计划的调控，也可以对各分包单位进行评价，将表现合格的分包商列入合格分包商库，便于以后分包商的选择和再次合作。

BIM 系统软件配置：

土建建模：广联达土建 GCL、广联达钢筋 GGJ；

机电建模：MagiCAD；

钢构建模：Tekla；

系统平台：BIM 集成平台、基于 BIM 的管理平台。

软件功能介绍，见表 4-13。

该项目使用的 BIM 软件介绍   表 4-13

软件	该项目中完成的工作	该项目最有效的功能	需改进的地方
MagiCAD	1. 机电各专业建模。 2. 机电设备库丰富，定制设备模型。 3. 各专业碰撞检测，错、漏、碰、缺的调整及综合管线优化排布。 4. 任意位置生成剖切图，自动生成孔洞图并导出孔洞报告。 5. 标准 IFC 接口模型及数据导出	1. 风、水、电各系统建模。 2. 丰富的 BIM 机电设备模型库，设备库用户扩充设备定制。 3. 碰撞检测和编辑调整。 4. 自动剖切和预留孔洞。 5. 良好的兼容性及丰富的数据接口	1. 建模后模型调整较为麻烦，需断开连接关系后调整，调整后再连接。 2. 剖面图的出图有待完善，需补充较多信息才能达到出图要求
Tekla	1. 钢结构构件建模。 2. 可添加多种属性。 3. 构件信息多元化，零件包含丰富的信息	1. 钢结构构件建模。 2. 可添加多种属性，构件信息多元化，包含丰富的信息	1. 模型导出 IFC 是单向的。 2. 导出 IFC 信息丢失
广联达 GCL	1. 快速土建建模。 2. 快速套用做法，通过三维建模计算建筑工程内土建范围的工程量和相应的做法工程量。 3. 依附装修构件，专业精确地处理粗装修业务	1. 三维建模操作简单，易上手；内置各地土建计算规则，无须记忆平法。 2. 内置多套数据分析表格，方便过程提量；内置做法规则自动套取，大幅提高做法套用的速度。 3. 工程量计算准确，效率高	需要扩充零星构件的范围

软件	该项目中完成的工作	该项目最有效的功能	需改进的地方
广联达 GGJ	1. 利用设计的 CAD 图纸快速建模。 2. 利用三维模型，快速计算各钢筋工程量	1. 内置 03G、11G 平法规则。 2. 操作简单，易上手。 3. 内置数据分析表格，方便过程提量。 4. 工程量计算准确，效率高	1. 需要扩充零星构件的范围。 2. 增加对型钢混凝土的处理
广联达 GProject	1. 编制各专业总控、阶段、月、周计划。 2. 进度计划与模型的批量挂接。 3. 基于工作面的计划合理性分析，计划与实际的对比	1. 基于工作面的计划编制方法，极大地提高编制及挂接模型的效率。 2. 基于任意维度的计划分析，确保建立安排合理、均衡施工的进度计划。 3. 灵活的工作面查看，让现场任意一眼就看清楚现场的施工状态及预警	1. 任务逻辑关系需以网络图方式呈现。 2. 需增加任务属性视图。 3. 改进打印输出的效果
BIM 集成平台（广联达）	1. 各专业模型集成。 2. 模型划分工作面。 3. 模型与清单、进度、合同、图纸等属性的关联。 4. 为业主报量和分包报量审核提供模型数据参考。 5. 变更工程量的计算。 6. 运维属性录入及运维影响分析	1. 可集成不同格式的模型文件，实现全专业模型浏览。 2. 可分层、分专业、分部位、分切面浏览模型及相关属性。 3. 模型加载速度快，浏览效率高。 4. 可以快速对比计算出变更工程量，减少人工分析工作量。 5. 提供清单工程量、构件工程量和分包工程量，可以为业主报量、做材料计划和分包报量审核提供参考数据	1. 软件易用性有待改进。 2. 需考虑同时支持多项目模式
基于 BIM 的管理平台（广联达）	1. 快速查看项目进度，更新施工日报。 2. 集成劳务数据、进度数据和合同等商务数据，自动进行成本分析。 3. 实现工作项和预警自动推送	1. 进度查看，日报实时更新到进度计划内，监控计划执行情况。 2. 模型自动计算每期对外报量、对内审核量，提高工作效率	1. 批量操作的易用性需要提升。 2. 网页格式的大数据量的效率需要提升

4.20 复杂多角度斜屋面复合承压板技术

随着建筑业的发展，为迎合人们生活多样化选择的需求，近几年来，在建筑设计上呈现出许多新颖别致、纷呈多样的坡屋面结构。但在多年的施工实践中大坡度现浇混凝土屋面很难保证混凝土的密实程度，混凝土坍落度大、不容易成型，混凝土坍落度小、很难保证密实。所以，坡屋面渗漏的质量通病也就经常发生。该技术针对钢结构大坡度的特点使用钢筋桁架楼承板进行斜屋面施工，其构件工厂化、产业化生产，秉承着绿色环保理念，并采取切实可行的施工措施，保证大坡度屋面混凝土的浇筑质量。

4.20.1 创新点

坡屋面分三个区段，施工分三次浇筑，其屋面坡度有 11°、18°、38°，屋面板厚为 120mm，总施工面积约 2737m²。在施工前针对坡屋面施工面积及坡度，提前对钢筋桁架楼承板进行深化设计，工厂预制，并通过合理化排布，大大地提高了楼盖体系的施工进度，降低了人工投入。

采用钢筋桁架楼承板代替传统的模板安装，其减少了坡屋面上 70% 的钢筋绑扎量，并有利于控制混凝土保护层厚度，过程中无须架设模板及支承脚手架，为工程缩短了工期并节约了成本。

钢筋桁架楼承板采用 0.5mm 厚镀锌钢板作底模，表面光滑，摩擦阻力小，通过在钢筋层增设构造措施，增加混凝土向下滑移的黏滞阻力，优化混凝土配合比，在屋面楼板单边支模的情况下，成功地满足了屋面抗渗混凝土的浇筑。

在坡屋面板施工时考虑到后期防水层、保温层等施工，提前在楼板面增设安全防护拉结措施、人员施工通行措施、保温苯板固定措施、防水节点加强措施，有效地保障了后续工序安全有效实施。

钢筋桁架楼承板施工环保无污染是环保型材料。

在屋面周边拉设的安全密目网减少了混凝土渣飘落，减少了对周边小区的影响。

屋面采用麻袋遮盖养护，减少养护水顺坡屋面流走，对周边环境的影响也得到有效的控制。

4.20.2 关键技术措施

1. 坡屋面钢筋桁架楼承板工艺流程（图 4-79）

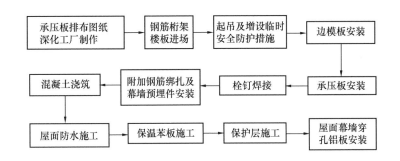

图 4-79 坡屋面钢筋桁架楼承板工艺流程

根据施工图纸对屋面桁架板进行合理化排布，提前与厂家联系，拟定生产计划，根据深化好的排布图制作钢筋桁架楼承板，生产商、运输承担方、施工方共同拟定详细的运输计划，保证施工现场供货及时（图 4-80～图 4-82）。

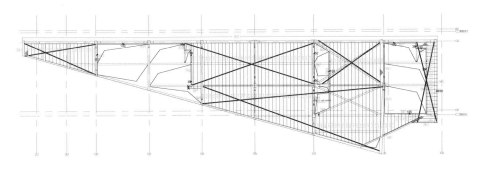

图 4-80 坡屋面钢筋桁架楼承板深化图纸

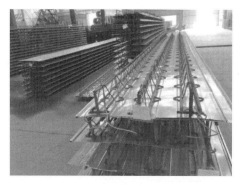 

图 4-81　钢筋桁架楼承板装载前验收　　　　图 4-82　钢筋桁架楼承板吊装进场

2. 安全防护措施

为保证后期施工安全，提供安全绳挂扣，桁架楼板施工过程中，在桁架板下弦筋下焊接 $\phi 12mm$ 钢筋，均采用点焊；待安全绳预埋挂件施工完成后将钢丝束（$6 \times 7 + FC-18mm$）穿钢筋环，确保后期施工安全。待屋面防水、保护层浇筑完成后将钢筋安全环切割，并采用水泥砂浆修补平整。安全绳挂扣件具体做法如图 4-83、图 4-84 所示。

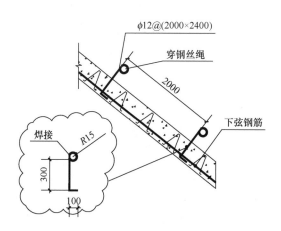

图 4-83　安全绳挂设件尺寸及预埋

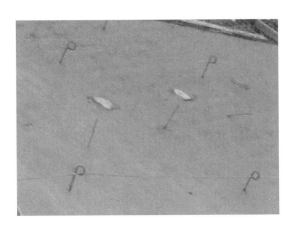

图 4-84　安全绳挂扣件预埋现场图

3. 边模板安装及钢筋桁架楼承板安装要点

（1）施工前必须仔细阅读图纸，选准边模板型号，确定边模板搭接长度。

（2）安装时，将边模板紧贴钢梁面，边模板与钢梁表面每隔 300mm 间距点焊 25mm 长、2mm 高焊缝。

（3）悬挑处边模板施工时，采用与图纸相对应型号的边模板与钢筋桁架上下弦焊接固定。

（4）钢筋桁架楼承板施工前，将各捆板吊运到各安装区域，明确起始点及板的扣边方向。

（5）钢筋桁架楼承板铺设时应随铺设随点焊，将钢筋桁架楼承板支座竖筋与钢梁点焊固定。

（6）钢筋桁架楼承板安装时板与板之间扣合应紧密，防止混凝土浇筑时漏浆。

（7）钢筋桁架楼承板在钢梁上的搭接，板长度方向搭接长度不宜小于 5d（d 为钢筋桁架下弦钢筋直径）及 50mm 中的较大值；板宽度方向底模与钢梁的搭接长度不宜小于 30mm，确保在浇筑混凝土时不漏浆。

（8）钢筋桁架楼承板与钢梁搭接时，支座竖筋必须全部与钢梁焊接，宽度方向需沿板边每隔 300mm 与钢梁点焊固定。

（9）严格按照图纸及相应规范的要求来调整钢筋桁架楼承板的位置，板的直线度误差为 10mm，板的错口误差要求小于 5mm。

（10）平面形状变化处，可将钢筋桁架楼承板切割，切割前应对要切割的尺寸进行检查，复核后在楼承板上放线；可采用机械或氧割进行，端部的支座竖筋还原就位后方可进行安装，并与钢梁点焊固定。

4. 栓钉焊接

该工程为了使钢梁与组合楼板能有效地协同工作，设置了抗剪连接栓钉，使栓钉杆承受钢构件与混凝土之间的剪力，实现钢-混凝土的抗剪连接。部分钢梁的栓钉直接焊在钢梁顶面上，为非穿透焊；部分钢梁与栓钉中间夹有压型钢板，为穿透焊。钢筋桁架模板底模与母材的间隙应控制在 1mm 以内才能保证良好的栓钉焊接质量。钢筋桁架模板厚度大时板形易不规则、不平整，造成间隙过大。同时，还应注意控制钢梁顶部标高及钢梁的挠度，以尽可能地减小其间隙，保证施工质量（图 4-85～图 4-87）。

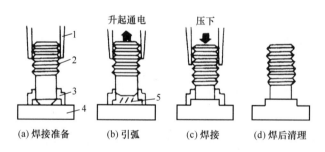

图 4-85　栓钉焊接工序图

1—焊枪；2—栓钉；3—瓷环；4—母材；5—电弧

在大坡度屋面中，由于坡度太大栓焊机施工时栓钉端部和母材局部表面熔化，其熔化金属易随重力流走，即此区段的栓钉采用人工手工全面积焊接，进一步地保证了栓钉焊接质量（图 4-88）。

5. 附加钢筋绑扎及幕墙预埋件安装

该工程由于斜屋面坡度大，展开面积大，为了施工安全及满足后期施工需要，在斜屋面混凝土浇筑前将 L 形螺纹钢筋绑扎在桁架楼板上弦钢筋上，螺纹

图 4-86 屋面栓钉焊接

图 4-87 栓钉焊接完成

钢筋长度 20cm、直径 10mm，待混凝土浇筑完成后钢筋垂直混凝土面露出，钢筋预留纵横间距为 1.5m×1.5m。混凝土浇筑完成后在露出钢筋上铺设木方，方便人员在斜屋面行走及后期防水施工操作，在铺设隔热层苯板时将苯板

213

图 4-88　手工全面积焊接

穿钢筋头固定，在后期浇筑保护层时，将钢筋露头覆盖，如图 4-89 所示。

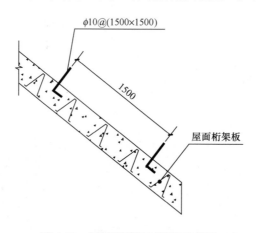

图 4-89　斜屋面预埋短钢筋示意图

在考虑斜面混凝土浇筑流动性时，为了增大混凝土流动性阻力，避免混凝土流动过快导致底面混凝土堆积，采取桁架板上绑扎螺纹钢筋增大混凝土流动阻力的做法，且增大黏性。选用直径 8mm 螺纹钢筋，间距约 200mm，其绑扎垂直于桁架板，即垂直于混凝土的流向，如图 4-90～图 4-92 所示。

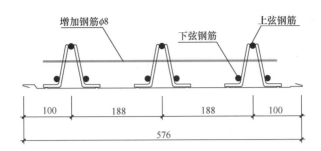

图 4-90 钢筋绑扎

图 4-91 屋面钢筋绑扎

6. 混凝土浇筑要点

（1）坡屋面浇筑时要通知搅拌站及时调整混凝土配合比，混凝土坍落度严格控制，每车抽查。

（2）部分区段钢筋较密时，用与小粒径石子同强度等级混凝土浇筑，并用小直径插入式振捣棒振捣。在浇筑斜屋面混凝土过程中，每次浇筑斜面长5m后停歇1~1.5h，使混凝土获得初步结实，或采取2次振捣的方法，再次浇筑。

215

图 4-92　屋面幕墙埋件安装

在浇筑混凝土时，应经常观察桁架板、钢筋、预埋件和预留孔洞的情况，当发现有变形和位移时应及时停止浇筑，并应在已浇筑的混凝土凝结前修整完好（图 4-93）。

图 4-93　坡屋面混凝土塔式起重机吊运浇筑

（3）插入式振动器使用要点：

1）作业时，要使插入式振捣棒自然垂直插入混凝土，不得用力猛插，并插到还未初凝的下层混凝土中，以使上下层相互结合。

2）插入式振捣棒各插点间距应均匀，插点间距不应超过插入式振捣棒有效作用半径的 1.2 倍。

3）最后用木抹子配合找平、压实，杠尺刮平，向上平行推进，斜面拉线用厚度控制尺控制厚度。

该工程在屋面楼板单边支模的情况下，成功地满足了屋面抗渗混凝土的浇筑，混凝土密实度得到较好控制，质量可观，也得到各单位的一致认可。

7. 斜屋面混凝土配合比说明

（1）泵送与非泵送混凝土坍落度："塔式起重机与吊斗法"施工的直卸普通混凝土，该施工方法应用于较大角度混凝土浇筑，混凝土坍落度控制在80～100mm。泵送混凝土适合小角度屋面施工，混凝土坍落度控制在 120～150mm。即在 38°坡屋面采用"塔式起重机与吊斗法"施工，11°、18°小角度屋面采用泵送施工，塔式起重机为配合施工。

（2）粗骨料级配搭配：确保混凝土的骨料填充紧密度，上述两种混凝土配比均掺加 150kg/m³ 细石（5～10mm 或 5～16mm），粗骨料粒径控制在小于 19mm。

（3）混凝土凝结时间：将上述两种配合比凝结时间均控制在 2h。

（4）C30P6 配合比用量见表 4-14。

C30P6 配合比（单位：kg/m³） 表 4-14

方法	坍落度（mm）	水	水泥	粉煤灰	砂	石	细石	外加剂
吊斗	80～120	155	273	72	748	950	150	6.6
泵送	140～160	166	288	82	777	885	150	7.4

8. 混凝土养护

浇筑完毕后，为保证已浇好的混凝土在规定期内达到设计要求的强度，并防止产生收缩，及时采取有效的养护措施。

（1）应在浇筑混凝土完毕后的 12h 内对屋面混凝土采用麻袋串成整片覆盖

于坡屋面上并采取措施确保不脱落（图 4-94）。进行浇水养护，养护时间 7～14d。

（2）浇水次数应能保持混凝土处于湿润状态，混凝土养护用水应与拌制用水相同。

（3）当日平均气温低于 5℃时不得浇水。

图 4-94　混凝土麻袋养护

9. 双组分聚氨酯防水涂料施工工艺

（1）施工流程

基层处理→附加层、管根等节点部位增强处理→大面滚涂 2mm 厚双组分聚氨酯防水涂料（分多遍薄涂）→收头、边缘处理→质量检查、修整、验收→后续施工。

（2）操作要点及技术要求

1）基层应按照"基面准备"进行处理，并经验收后方可施工防水层。

2）配料：根据施工用量，将 A、B 组分按 1：2.5 的质量比进行混合，搅拌 5min，使两种涂料彻底搅拌均匀，搅拌器必须干燥、清洁。必要时，可加入适量稀释剂。

3）附加增强层：阴阳角、管根部、变形缝等基础细部，应先进行附加防水层施工，用Ⅱ类产品，增涂 2～4 遍（厚度约 1mm），如需加铺胎体增强材料时，一定要浸透，变形缝部位应优先增铺一层聚酯无纺布以形成附加防水层，空铺构造。

4）大面防水层涂膜施工：按照图纸设计厚度，将混合料用橡胶或塑料刮板均匀涂布，分层涂刮大面积涂膜（每层厚度不超过 0.6mm ），上层应在底层表干后才能进行下道涂层的涂刮，上下间隔时间根据施工现场的温度与通风条件确定，以不粘脚为宜。涂刮时上下层涂刮方向要求相互垂直，并且涂层均匀，厚度满足设计规范要求（图 4-95、图 4-96）。

图 4-95　聚氨酯防水涂刷

图 4-96　防水卷材铺设（自粘改性沥青防水卷材）

10. 斜屋面幕墙立管与板面防水节点

（1）管根部等处更应仔细清理，若有不明污渍、铁锈等，应以砂纸、钢丝刷、溶剂等清除干净。

（2）幕墙预埋件钢筋头先用聚氨酯涂料做附加层 1mm，预埋件周围宽度 250～300mm，上返至钢管高 250～300mm。

（3）幕墙预埋件钢筋头处理采用防水涂料作为第二遍防水附加层（夹聚酯布增强处理），附加层宽度 250～300mm。

（4）卷材铺设至预埋件钢管柱体，沿钢管柱体底部切开卷材部位，平整铺贴至管口周围。

（5）采用双面自粘卷材裁切 300～400mm，预埋件周围宽度 150～200mm，上返至钢管高 150～200mm 包裹管口卷材接口自粘粘结。

（6）沿钢管柱体卷材切口周边采用密封胶，密封宽度 10mm。

（7）回填混凝土后对预埋件再作密封封口处理。

4.21　基于 BIM 的钢结构预拼装技术

目前，随着钢结构在超高层结构、大跨度结构中的普遍应用，越来越多复杂的空间异形钢结构构件被应用于实际的工程项目之中。这些异形构件外形复杂，在实际工程中，为了保证现场能一次性完成拼装，业主通常要求加工工厂在异形构件出厂前进行预拼装。但是传统的预拼装技术，不仅需要耗费大量的人力、物力、财力，还受限于拼装场地、吊装设备以及天气等因素的影响，严重影响施工进度。

基于以上情况，中建四局在 BIM 信息化模型上应用了虚拟预拼装技术。结合高精度测量扫描技术、逆向建模技术及虚拟现实技术，同时借鉴航空制造领域的相关成功经验，最终解决了钢结构构件在数字环境下的预拼装问题，将该技术从科研级推广到了项目级的应用。

利用精度达 0.085mm 的工业级光学三维扫描仪及摄影测量系统，对加工完成的构件逆向成模，将扫描完成的模型与理论的 BIM 模型进行比较，可迅速获得各部位的偏差量，及时采取处理措施。依托于该技术的虚拟预拼装技术相对于传统实体预拼装具有高效率、高精度、低成本、短工期等优点。

4.21.1　创新点

（1）通过对实际构件进行三维扫描，经 Geomagic Qualify 软件处理得到三维模型，扫描采用工业级精度一次性成型自动三维扫描设备，该设备扫描 50m 精度达到 ±2mm，相对于传统的点云技术，精度更高。

（2）扫描后在计算机端通过 Geomagic Qualify 软件进行处理，得到比较偏差在 0.055mm 左右的实体模型，通过计算机钢结构模型进行对比，检查构件精度，与常规的用钢卷尺测量构件的尺寸（误差在 1mm 以内）比较，降低测量误差数量级提高了 100 倍，节约人力，提高安全性。

（3）而后通过在计算机 Geomagic Qualify 软件中进行虚拟拼装，检查构件连接节点是否可以拼接，端部对接间隙是否在规范允许范围内，螺栓对接孔群的中心坐标是否符合规范的偏差值，进而提高桁架层的拼装质量。

4.21.2 关键技术措施

1. 虚拟预拼装施工工艺流程（图 4-97）。

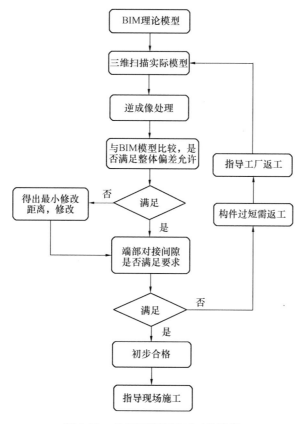

图 4-97 虚拟预拼装施工工艺流程

221

2. 施工要点

（1）BIM 理论建模

仔细研读结构设计图纸，对涉及钢结构的部分进行深化。通过 Tekla Structures 软件，依据工程设计图纸绘制出工程建筑结构各个构件的三维标准图，并建立三维模型图和标准图库（图 4-98、图 4-99）。

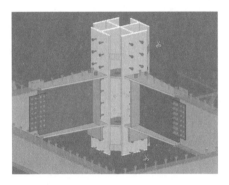 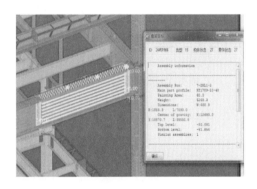

图 4-98　钢柱钢梁三维节点　　　　　图 4-99　钢梁与钢梁连接三维节点

（2）工厂加工

加工厂根据 Tekla Structures 软件深化后的模型进行拆分，把深化图中的整体分解为每个单元→核对钢材规格、材质、批号，并清除钢板表面油污、泥土及脏物→根据加工制作图，利用先进的钢结构加工厂远程数控自动划线→切割→边缘加工和端部加工→制孔→组装→焊接（图 4-100）。

（3）三维扫描实际模型

用三维激光扫描仪对构件进行三维光栅面扫描（光栅面扫描的基本原理是把光栅条纹投影到被测实体的表面上，光栅条纹受到被测实体表面高度的调制而发生变形，然后通过解调变形的光栅影线，得到被测实体表面的高度信息），测量实体构件，导入计算机得到三维立体图像（图 4-101）。

（4）整体与三维模型进行对比

通过使用计算机 Geomagic Qualify 软件对扫描的实体构件进行处理，得到

(a) 坡口切割   (b) 数控切割

(c) 埋弧焊接   (d) 钢板组装

图 4-100 工厂加工

(a) 箱形柱实体扫描   (b) 桁架层钢结构实体扫描

(c) 构件三维坐标定位   (d) 构件扫描逆向成模

图 4-101 三维扫描实际模型

比较偏差在 0.055mm 左右的实体模型，通过对测量实体构件与三维模型图进行对比，检验构件的整体尺寸是否在规范及设计图纸要求的偏差内。如若在允许偏差范围内，则进行下一道工序；如若超过允许偏差，则要进行工厂返工。依次循环，直到达到规范要求之内（图 4-102）。

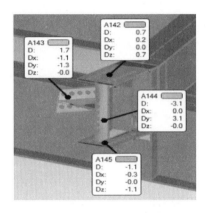

图 4-102　三维扫描箱形柱

（5）虚拟拼装

构件整体尺寸合格后，通过使用计算机 Geomagic Qualify 软件处理对实体构件进行扫描的数据，结合土建的 BIM 结构模型，用实测构件模型加装到结构模型上，对整体建筑结构进行模拟拼装（图 4-103、图 4-104）。

图 4-103　虚拟预拼装节点

图 4-104　虚拟预拼装

（6）端部对接间隙与模型对比

基于虚拟拼装的结果，针对该项目大跨度及异形节点（主要为桁架层及裙楼架构层造型设计），将现场需要分段拼装的构件进行对比分析，得到实际拼装的偏差值是否在控制范围之内。用于螺栓孔连接的钢结构构件之间的虚拟预拼装，每个钢结构构件的接口处设置有至少一组对接孔群，每组对接孔群四个角点上设置有数字近景摄影测量系统，相邻两个钢结构构件通过对接孔群连接；虚拟预拼装前利用数字近景摄影测量系统获取钢结构构件对接孔群的四个角点上螺栓孔的中心坐标，虚拟预拼装过程中利用该螺栓孔的中心坐标实现对相邻两个钢结构构件的拼装，对比分析相邻两个钢结构构件上的螺栓孔的中心坐标的偏差值，并通过该偏差值校正钢结构构件上对接孔群的位置。

（7）二次加工

钢结构通过虚拟拼装完成后，对构件需要调整的位置进行工厂返工，合格的构件进行临时耳板的焊接，对现场需要对穿钢筋、消防喷淋管道的地方进行开孔，并对相应位置进行补强处理。

（8）指导施工

钢结构构件虚拟拼装完成，所有检测均合格，且经二次加工及对相应钢结构洞口进行补强处理合格后，导出构件虚拟拼装的检测报告，指导现场安装施工。

4.22 深基坑旧改项目利用旧地下结构作为支撑体系换撑快速施工技术

随着城市的发展，旧城改造项目大量出现。一些体量较大的旧深基坑工程，由于城市规划需要，被新的深基坑、超高层结构所取代而须拆除。为减少在新的围护结构体系施工过程中对旧基坑稳定性产生影响，避免塌方等安全事故的发生，需要对旧结构进行验算和加固处理，满足新基坑的施工要求。

该技术结合珠海万菱环球中心项目基坑特点和施工现场实际情况，并结合工程工期要求、工程周围环境要求、施工条件，研究和探讨设计出利用旧围护、旧结构为新结构提供支撑的体系；能最大限度地缩短工期，节约施工作业场地并对周围环境影响最小；可为以后类似工程提供相应的借鉴。

4.22.1 创新点

（1）利用旧结构对新结构提供支撑体系。但是现旧结构无法满足新支护结构的施工要求，需对薄弱点进行加固处理：

1）在旧楼负二、负三层边跨一圈变形较大部位，增设 ϕ609mm 钢支撑。

2）旧楼负二、负三层楼板加厚，现浇一层 250mm 厚钢筋混凝土板，旧楼中庭、车道洞口封闭，现浇一块 400mm 厚钢筋混凝土板。

3）该工程工期紧，为节省工期，在旧地下室结构板上开洞，为桩基施工打开作业面。开洞范围四周采用 600mm×1200mm 上反梁加固，为便于施工，上反梁与旧结构梁紧贴部位向外偏移 30cm，便于上反梁梁侧模加固。

（2）利用两道水平钢支撑和一道混凝土换撑板撑住地下连续墙与旧结构外墙及楼板，来保持基坑的稳定性。再施工两道斜支撑换撑，同时拆除水平支撑、旧结构外墙及楼板，之后浇筑混凝土水平内支撑，拆除斜撑，从而完成地下室的扩建工程。

4.22.2 关键技术措施

1. 施工工艺流程（图 4-105）

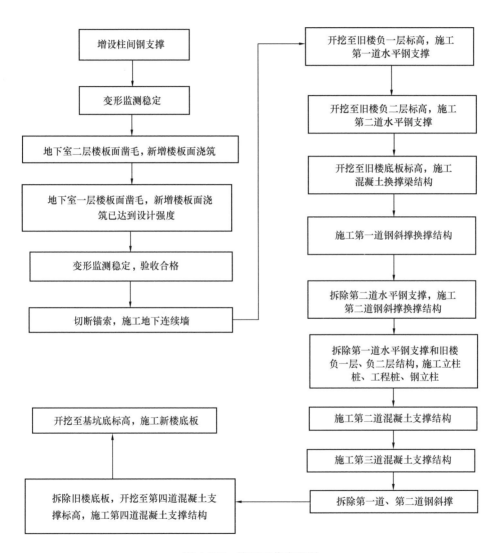

图 4-105 施工工艺流程图

2. 施工要点

（1）钢支撑操作要点

现旧结构无法满足新支护结构的施工要求，根据计算分析，对旧结构的薄弱点进行加固处理，加固方法：

1）在旧楼负二、负三层边跨一圈变形较大部位，增设 φ609mm 钢支撑（图 4-106）。

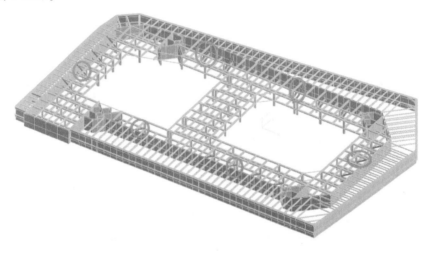

图 4-106　增设钢斜撑图

2）旧楼负二、负三层楼板加厚，现浇一层 250mm 厚钢筋混凝土板，旧楼中庭、车道洞口封闭，现浇一块 400mm 厚钢筋混凝土板。

（2）斜撑安装（图 4-107）

根据设计图纸要求，钢柱规格为 φ609mm×16mm，在钢柱上下端各设置一块 800mm×800mm 封头板，板厚 25mm；在地面时，焊接支撑柱上下端封头板，钢斜撑吊装前先提前 1d 完成下部混凝土反力墩和上部三角箱式支撑钢构件的安装。然后在钢柱上端和下端 1/3 处设置托板（吊点），利用三角支撑架加捯链起吊钢管，使用捯链调节钢支撑角度，使钢柱倾斜；钢柱与上下构件贴合后使用化学螺栓固定，完成钢柱的安装。

（3）钢斜撑施工难点及措施

图 4-107 斜撑安装实体图

1）钢斜撑加工制作难度大：原设计钢斜撑中间段采用 ϕ609mm 钢管，两端采用加劲板全熔透式焊接，加劲板伸入钢管内部长度为 400mm，焊缝等级要求为一级。此种加工方式施工难度大，内部焊接很难操作，影响现场的施工进度。

2）钢斜撑的安装精度差：原设计钢斜撑两端与旧结构连接处均采用 M24 化学螺栓，钢支撑的具体尺寸很难把控，即使现场实测实量，可以精确控制钢支撑的尺寸，钢斜撑加工完成后也将无法进行安装或安装后留有缝隙，不能很好地达到预期顶撑的效果，可行性较差。

3）优化：对钢支撑两端连接节点进行修改，上部改用钢板箱先行固定，待钢支撑吊装定位后再进行底部混凝土墩浇筑。此做法好处在于钢支撑的尺寸无须很精确，通过调节混凝土墩控制整体性，且顶撑效果好；并且在施工之前使用 Sketchup 软件进行现场的真实模拟，计算钢斜撑角度、尺寸等来指导现场的施工，施工效率得到很大的提高（图 4-108）。

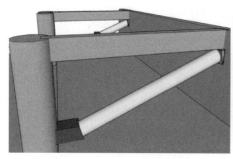

图 4-108　钢斜撑模型和实物图

（4）地下室二层楼板面凿毛、新增楼板面浇筑操作要点

按照设计要求原结构150mm厚楼板无法承受地下连续墙施工过程中旧锚索切断后的侧向土压力，因此还需对旧楼负二、负三层楼板加厚，现浇一层250mm厚钢筋混凝土板与旧楼板形成叠合板；旧楼中庭、车道洞口封闭，现浇一块400mm厚钢筋混凝土板；在孔洞一圈现浇边梁（截面600mm×1200mm），原结构楼板混凝土强度等级为C40，新浇楼板、梁混凝土强度等级同原结构楼板。

为保证新旧混凝土楼板结合的施工质量，需对原结构混凝土面进行凿毛。现场采用混凝土剔凿机结合人工进行凿毛（新混凝土楼板与旧地下室外墙和旧结构柱搭接250mm范围需采用人工凿毛）（图4-109）。

（5）楼板加固难点及措施

边梁（截面600mm×1200mm）的施工难度大：由于旧结构的影响边梁侧模无法进行常规方式加固，侧模底部可以对拉两道对拉螺栓，但两道对拉螺栓不能满足新浇混凝土的侧向压力要求。

采取的措施：在侧模加固时结合工程的特点，将第三道对拉螺栓与旧结构板筋焊接进行加固；钢筋较密，总共54根 ϕ25mm钢筋。钢筋的绑扎难度高，采用后封侧模的方法，待钢筋绑扎完成后再安装边梁侧模。

（6）切断锚索、施工地下连续墙操作要点

1）锚索分布情况：原基坑周长约418m，基坑面积约9600m²，基坑支护

(a) 工序一：旧结构楼板混凝土凿毛

(b) 工序二：楼板、梁钢筋绑扎

(c) 工序三：混凝土浇筑

图 4-109　地下室二层楼板面凿毛、新增楼板面浇筑

形式采用桩锚结构，支护桩外侧为一排挡土钢板桩，原基坑±0.000 相对于绝
对标高为 7.800m。支护桩采用 ϕ1000、1200mm 人工挖孔桩，施工桩长为16～

18m；锚索采用 3φ150mm 钢绞线及钢丝束，倾角为 45°，施工深度为 20～30m，钢板桩施工深度为 18m。

2）处理措施：该项目地下连续墙位于原结构范围外扩 4～10m，深度 33.5m，在施工地下连续墙时必定会碰到锚索，所以在施工地下连续墙前需将锚索处理完毕。根据设计图纸地下连续墙施工范围需要处理锚索总根数为 240 根（采用 3φ150mm、4φ150mm 钢绞线及钢丝束，锚索施工长度为 20～30m，施工角度为 45°，锚索埋深为 6～12m）。

根据原基坑平面图纸，我们拟定采用旋挖机清除锚索的方法在基坑四周锚索位置共布设了 217 个钻孔桩位来处理锚索，钻孔桩径为 1000mm，钻孔深度为 6～12m。

（7）新、旧结构支撑及土方开挖

平整场地至基坑顶设计标高，施工地下连续墙，完成至冠梁面，现场具备土方开挖条件后，开始进场土方开挖。采用 PC200 挖掘机开挖第一层土方，现场挖至第一道腰梁底标高，施工第一道腰梁。开挖过程中如遇到旧基坑锚索、钢板桩或支护桩，截断、破除并运走。

待第一道混凝土腰梁施工完毕后，继续向下挖土，此处采用长臂挖掘机 PC200-8 进行退挖，开挖至第三道支撑底。同步安装第二道钢腰梁和第一道、第二道水平钢支撑，土方开挖至新楼底板底后，采用人工整平施工第三道混凝土换撑板及混凝土反力墩。

（8）新、旧结构换撑及旧结构拆除施工

第一步为第一道斜撑安装。第一道斜撑为 HW428mm×407mm 钢斜撑，先在旧结构地下室外墙开洞，第二道钢斜撑反力墩施工，预留第二道斜撑穿墙洞口。安装第一道钢斜撑，上部支撑在地下连续墙腰梁上，下部支撑在混凝土水平支撑梁上。注意斜撑安装位置与水平支撑是错开的。

第二步为第二道斜撑安装。第二道斜撑主要是 HW428mm×407mm 钢斜撑，第二道斜撑穿过旧结构预留洞口，上部支撑在地下连续墙冠梁上，下部支撑在旧楼面底板的反力墩上。

第三步为水平支撑及旧结构拆除。两道斜撑施工完成，保证结构稳定后，开始拆除两道水平支撑、旧结构楼板。拆除时注意保护斜撑的稳定性，不受拆除碎物的破坏。

4.23 新型免立杆铝模支撑体系施工技术

铝模板全称为建筑用铝合金模板，是继木模板、钢模板之后出现的新一代模板系统。铝模板按模数设计，由专用设备挤压成型，可按照不同结构尺寸自由组合。铝模板的设计研发及施工应用，是建筑行业一次大的发展。铝模板系统在建筑行业的应用，提高了房屋建筑工程的施工效率，包括在建筑材料、人工安排上都大大地节省很多。

目前，越来越多的高层建筑施工采用铝模板系统，取代以往的传统木模板系统。但铝模板施工过程中仍采用钢管立杆支撑，它们安装困难，既不经济，又不实用，还占用空间，而且钢管使用会造成现场材料凌乱而不够环保。为提高支模体系施工效率，减少空间占用，我们在施工过程中研制出一种可周转定型化免立杆桁架铝模支撑体系，并在此基础上研究出一种新型免立杆铝模支撑体系施工技术。

新型免立杆铝模支撑体系施工技术是指在铝模施工时改变传统的钢管立杆竖向支撑体系，采用一种可周转定型化免立杆桁架铝模支撑体系。该支撑体系免除了立杆设置，直接在钢梁上设置桁架进行支撑，模块化设计，工厂成套加工，施工方便、精度高、节约成本，并且可根据现场实际情况进行尺寸调整，提高铝模施工效率。

4.23.1 创新点

（1）操作方便、快捷。桁架铝模支撑体系在工厂成套加工，运至施工部位后即可整套安装，材料为常用建筑耗材，加固方法为常规的螺栓及焊接加固，普通工人即可操作，方便快捷。

（2）周转率高。桁架铝模支撑体系安拆方便，可根据现场情况自由调节尺寸，方便周转。

（3）降低成本。第一，节省工期。桁架铝模支撑体系加固简单，工厂成套加工，运至现场组装即可，不占用施工时间。第二，降低人工。安装方便，操作简单，3个工人即可操作。第三，降低成本。定型化设计，周转次数高，而且相比传统钢管立杆做法耗材极少，降低成本支出。

（4）绿色环保。第一，节约材料。新型免立杆桁架铝模支撑体系相比传统钢管立杆做法耗材极少，仅用少量常见建筑耗材即可满足要求，而且周转次数高。第二，减少材料垃圾堆积。新型支撑体系免除钢管立杆使用，杜绝了钢管、木方等材料堆积，消除了现场因材料堆积而出现的脏、乱、差等现象，提高现场环境质量。第三，节省空间。新型支撑体系免除了钢管立杆使用，全部设置在钢梁上面，不占用钢梁下部空间使用，节省工人操作空间，让人感觉耳目一新。

4.23.2 关键技术措施

1. 工艺流程（图4-110）

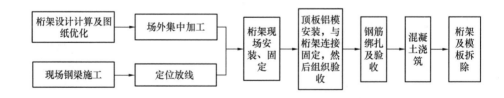

图4-110 工艺流程图

2. 操作要点

（1）桁架设计计算及图纸优化

根据现场结构施工图及铝模深化图纸对桁架进行设计计算，确保满足承载力要求。同时，针对现场要求及设计计算结果对桁架进行优化，确定最终图纸

（图 4-111～图 4-116）。

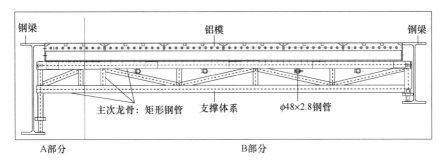

图 4-111　铝模支撑体系板中支撑设计图

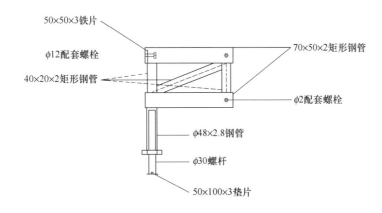

图 4-112　板中支撑 A 部分大样图

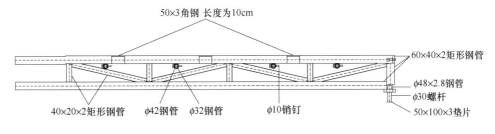

图 4-113　板中支撑 B 部分大样图

（2）场外集中加工

根据工程特点，统计桁架长度，按照桁架设计图在场外集中制作加工，加工完成后统一运输至施工现场待用（图 4-117）。

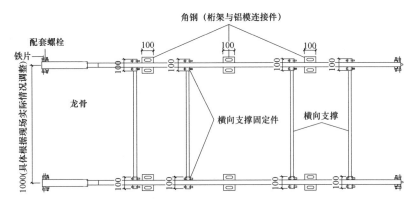

图 4-114　板中支撑（带横向支撑）平面图

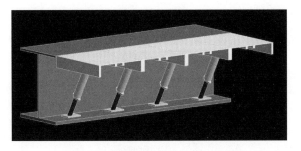

图 4-115　梁侧支撑（斜撑）设计图

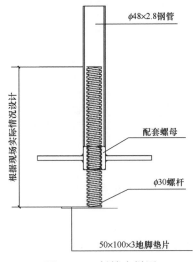

图 4-116　斜撑大样图

图 4-117　场外集中加工

（3）现场钢梁施工

根据现场施工图纸进行钢梁结构施工。

（4）定位放线

现场桁架安装时需与钢梁进行焊接，并与铝模进行螺栓连接，根据铝模深化图纸及现场要求定位放线，标示出桁架安装位置，并在钢梁相应连接位置进行标记。

（5）桁架现场安装、固定

铝模支撑桁架为厂内成套加工，运至现场后即可整套安装。

现场拼装时首先按照设计图纸及施工图纸要求调整桁架长度，然后利用螺栓将桁架 A、B 两部分固定，再然后将 A、B 两部分下部支撑与钢梁进行焊接，两个桁架之间通过横向支撑进行连接固定，防止侧向倾覆（图 4-118）。

（6）顶板铝模安装，与桁架连接固定，然后组织验收

根据现场施工要求及铝模深化图纸进行顶板铝模安装，同时将铝模与桁架通过螺栓进行连接固定。梁侧位置处，空间不足位置采用斜撑配合进行支撑，斜撑焊接在钢梁上，同时通过螺栓与铝模进行连接。铝模安装完成后进

图 4-118　桁架安装

行模板验收，重点为模板与新型支撑体系连接是否牢固、模板固定是否牢固（图 4-119、图 4-120）。

图 4-119　铝模安装固定

图 4-120　铝模安装完成

（7）钢筋绑扎及验收

严格按照图纸进行钢筋绑扎施工，施工完成后组织相关单位进行验收，待验收合格后才能进行下道工序施工。

（8）混凝土浇筑

钢筋绑扎完成并验收通过后，组织进行混凝土浇筑，浇筑时振捣密实。浇筑完成后及时浇水养护，养护时间 7d。

（9）模板及桁架拆除

待混凝土强度达到要求时拆除模板及桁架支撑体系，拆除时应注意不破坏混凝土。

4.24　工具式定型化施工电梯超长接料平台施工技术

在建筑工程施工中，外用施工电梯的使用比较广泛，施工电梯接料平台大多选用型钢悬挑脚手架、落地式脚手架等方式，均存在以下缺陷：①占用大量周转材料，且市场上钢管扣件多数达不到国家标准要求，存在安全隐患。②安装和拆除工序繁，费工费时。③容易损坏，时常管理困难，安全检查总是存在问题。④不环保和不美观。为此，我们通过参观国内观摩工地，学习国内先进经验，结合项目实际情况，在七彩云南第壹城八号地块1、2号写字楼等超高层施工中采用工具式定型化施工电梯超长接料平台施工工艺，该工艺具有以下优点：①安全可靠；②操作便捷；③省时省力；④适用广泛，绿色环保。我们通过不断的施工实践、探索、总结，形成了工具式定型化施工电梯超长接料平台施工方法，取得了良好的社会效益和经济效益。

技术实现要素：通过计算选择材料规格型号，采用型钢下支撑方式解决承载力问题，采用拉杆上拉方式为承载力提供安全储备，采用预埋铁件方式预先为下支撑和上拉节点提供稳定可靠的附着点，采用工厂集中加工方式减少人工投入，节点连接采用机械连接方式达到装配式施工。以上要素技术上实现了装配式标准化施工的目标。

4.24.1 创新点

（1）安全可靠。通过有效的安全计算软件计算，科学计算强度、刚度、稳定性是否满足使用要求；大多数施工单位使用型钢时，在选择购买新材料或租赁旧材料时会选择购买新材料，且市场上更容易购买到符合国家标准的型钢钢管扣件，材料质量更容易得到保证。

（2）操作便捷。成品接料平台运输至施工现场，塔式起重机吊装人工配合。先将主梁插入预埋环内，再将下支撑和拉环同步与预埋铁件和接料平台机械连接即可完成安装，操作便捷。

（3）省时省力。通过实践，30min可完成一个接料平台的安装。操作人员为：2个定位人员，2个加固人员。

（4）环保美观。材料符合国家相关环保认证、有毒有害物质含量相关要求；工厂集中加工制作，材料节约；机械连接噪声小，无光污染；装配式标准化施工，美观新型，材料周转使用，符合绿色环保要求。

4.24.2 关键技术措施

1. 工艺流程

预埋铁件工艺流程：$N-1$ 层结构施工时同步预埋下撑杆下端铁件→N 层结构施工时同步预埋接料平台后端铁件→$N+1$ 层结构施工时同步预埋上拉杆上端铁件。

安装工艺流程：定位放线→吊装接料平台→下撑杆连接→上拉杆连接→整体校核检查→摘钩（吊钩）。

2. 安装操作要点

（1）样板引路

确定方案和样板验收合格后方可大面积制作、安装。

（2）定位放线

在基层上弹墨线，同时钉铁钉准确定位各预埋铁件"十字"线，并作明显标记。浇筑混凝土时，专人看守铁件使之不被移位，如有移位应及时调整。

（3）预埋铁件

当楼板厚度小于 120mm 时，应按相关要求设置通长加强筋，通长钢筋不得小于 4 根 ϕ12mm 的 HRB400 级钢筋。

当楼板厚度等于或大于 120mm 时，可不设置加强钢筋。

$N-1$ 层结构施工时同步预埋下撑杆下端铁件，铁件与主梁或主梁锚环冲突时，向外侧水平位移 300mm，允许有稍微倾斜的夹角。铁件按相关要求刷灰色防锈漆。

N 层结构施工时同步预埋接料平台后端铁件，该铁件应严格按接料平台主梁位置定位，误差 $\pm$10mm，铁件按相关要求同样刷灰色防锈漆。

$N+1$ 层结构施工时同步预埋上拉杆上端铁件，铁件与主梁或主梁锚环冲突时，向外侧水平位移 600mm，允许有稍微倾斜的夹角。铁件按相关要求刷灰色防锈漆。

预埋铁件预埋完成后，设置"严禁拆除"标语提醒。

（4）接料平台整体构架

接料平台主要由预埋铁件、下撑杆、上拉杆、接料平台四个部分组成。主梁与次梁通过螺栓连接，工厂单个构件集中下料，现场组装。防护栏杆与主梁通过螺栓连接，工厂单个构件集中下料，现场组装。接料平台防护门为通用安全防护门，采取工厂集中加工方式，通过"荷叶"与防护栏杆连接，现场组装。下撑杆为斜撑，斜撑长度精确性不易控制，下料不准会造成现场拼装不严密，须通过参考样板尺寸进行下料，料长只许长不许短，尺寸偏差控制在±5mm为佳。上拉杆为市场购买的成品拉杆，自带花篮螺栓，长短可调节。两根上拉杆作为安全储备构件，花篮螺栓松紧调节力度是关键，考虑由指定人员进行调节和测试（图4-121）。

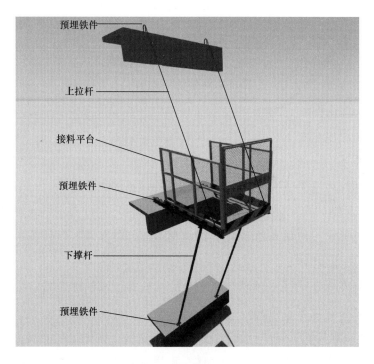

图4-121　整体构架

（5）吊装接料平台

吊装条件为主体结构混凝土强度不小于设计强度的75％。吊装方式为塔式起重机吊装，人工配合。吊装方法为：①现场堆料场组装接料平台；②穿塔式起重机钢丝绳，四点吊装接料平台；③主梁对准后端预埋铁件→插入→就位→下撑杆下端和上端同步连接、固定；④上拉杆上端连接→上拉杆下端连接→调节花篮螺栓、固定。

（6）整体校核检查

接料平台安装完成后，应进行整体校核，检查合格后方可摘钩（吊钩）和使用。

（7）拆除工作

挂钩（吊钩）→拆除上拉杆→拆除下撑杆→吊运接料平台→预埋铁件处理。

（8）管理要求

每个接料平台设置限载牌。每个接料平台设置验收牌。每个接料平台安排专职人员每日巡视、检查，形成保养记录。接料平台 5 级风以上不得使用。

4.25　预制装配化压重式塔式起重机基础施工技术

《塔式起重机混凝土基础工程技术标准》JGJ/T 187—2019 中描述了塔式起重机混凝土基础的形式一般分为板式基础、十字形基础、桩基础以及组合基础 4 种，前 3 种基础形式一般适用于地下室未施工或者无地下室的工程项目，组合基础则可适用于地下室已施工完成的工程项目。

以组合基础作为塔式起重机基础时，通常做法为灌注桩或钢管桩＋格构式钢柱或钢管柱＋混凝土承台或型钢平台，此种施工方法工艺复杂、成本较高且施工难度较大，且对于地下室已完成施工并已投入商业使用的项目不适用。

为解决地下室已完成施工并已投入商业使用的项目的塔式起重机基础问题，我们在前期设计过程中，提出一种压重式塔式起重机基础，在此基础上研究出预制装配化压重式塔式起重机基础施工技术。

预制装配化压重式塔式起重机基础施工技术是在塔式起重机底架施工时采用常规十字钢梁进行支撑，通过基础受力梁将塔式起重机荷载传递至结构柱上，再在塔式起重机底架上放置混凝土压重块，形成完整的塔式起重机基础体系。压重块总重量及单块尺寸、强度等级等提前设计计算，直接现场预制，基础受力梁大小通过结构计算确定。

4.25.1 创新点

（1）制作安装方便。传统的组合型基础安装复杂，遇到多层地下室且地下室底板已完工情况下灌注桩或钢管桩无法施工，基础的抗拔、抗扭以及承载能力均无法保证，且会占用部分空间，影响到已投入使用地下室的使用功能。本技术发明了一种压重式塔式起重机基础。以混凝土预制块作为塔式起重机的压重块，以原结构柱及现浇受力梁作为塔式起重机基础的承重构件，所有预制块及受力梁尺寸均提前计算确定，现场制作简单，安装方便，且不会影响到地下室的使用功能。

（2）可周转。压重式塔式起重机基础的压重块为现场分块预制，组装、拆卸方便，可重复周转使用。

（3）降低成本。第一，节省工期。受力梁与结构柱连接浇筑完成，塔式起重机底架及十字钢梁放置于受力梁上，最后将提前预制好的压重块直接放置于塔式起重机底架上，通过钢丝绳绑扎固定即可，操作简单，所需工期较短。第二，减少人工。安装方便，除受力梁需采用人工进行浇筑以外，其余施工均采用塔式起重机进行施工。第三，降低成本。相比传统的组合式基础，压重式塔式起重机基础的压重块采用素混凝土提前预制，受力梁现场浇筑，与组合基础的钢平台、格构柱、钢管桩结构形式相比，大大降低了成本。

（4）绿色环保。第一，受力梁架设于原结构柱上，避免了对原地下室顶板造成破坏，节约了后期修补费用；第二，受力构件为原地下室结构柱，不另行增加格构柱等构件，对地下室空间使用功能无影响。

4.25.2　关键技术措施

1. 工艺流程

设计验算→地下室次梁回顶→地下室顶板覆土开挖→原结构柱柱头清理及植筋→受力梁施工→十字钢梁架设及受力牛腿焊接→塔式起重机底架安装→压重块组装及固定。

2. 操作要点

（1）设计验算

施工前，对塔式起重机基础进行设计，并严格按照相关规范及设计要求对结构柱受力性能进行验算。塔式起重机分为停滞状态和工作状态两种情况分别进行验算。计算确定受力梁截面尺寸以及压重块总重量和单块尺寸。

整体构架：由塔式起重机底架、压重块、十字钢梁、受力牛腿、受力梁五个部位组成（图 4-122）。

图 4-122　塔式起重机基础设计图

（2）地下室次梁回顶

在塔式起重机基础施工前，先对基础范围内的地下室顶板次梁进行回顶，回顶体系由方钢、钢板、工字钢共同组成。回顶立柱间距同纵横向梁间距（图4-123）。

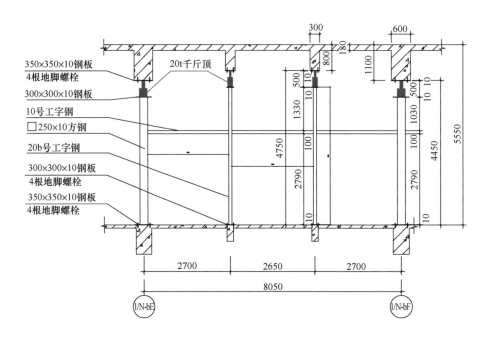

图 4-123　次梁回顶布置图

（3）地下室顶板覆土开挖及柱头清理和植筋

清理地下室顶板覆土时注意地下室管线，柱头清理干净后进行植筋，植筋深度要满足规范要求，与梁水平钢筋通过焊接连接（图4-124）。

（4）受力梁施工

受力梁钢筋绑扎前需先对原有管线进行保护，梁主筋与柱筋焊接连接，模板加固严格按方案执行，混凝土采用C55早强。受力梁与钢梁铰接，只传递竖向荷载（图4-125）。

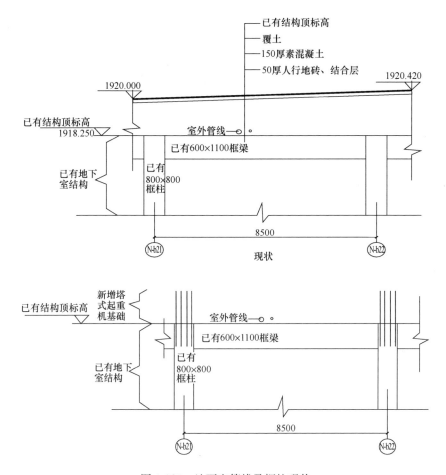

图 4-124　地下室管线及框柱现状

（5）十字钢梁架设及受力牛腿安装

十字钢梁用 20t 起重机辅助吊装，吊装前先将受力牛腿水平板（25mm 厚钢板）放置到位。钢梁吊装完成后开始牛腿加工焊接，牛腿钢板预留坡口，双面焊接，焊缝满足规范要求（图 4-126）。

（6）塔式起重机底架安装及压重块制作固定

塔式起重机底架及压重块吊装均用 20t 起重机辅助进行吊装，吊装前先对安装位置轴线及标高进行复核。

247

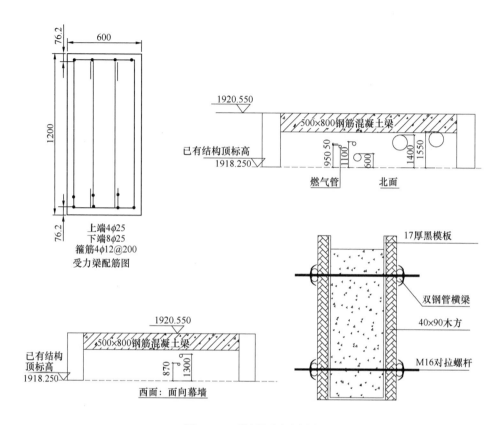

图 4-125　模板加固示意图

压重块采用 C30 素混凝土制作，单块质量约 3t（具体尺寸及质量根据设计计算确定），在每块压重块相同部位（正中心）留设空洞方便后期穿管固定，满足塔式起重机基础的受力要求，分片制作方便吊装。

压重块安装时分片起吊，十字钢梁两边对称吊装，安装完成以后必须保证两边压重块质量相等。

压重块利用钢丝绳与塔式起重机底架上焊接的耳板进行固定，具体固定方式见图 4-127。

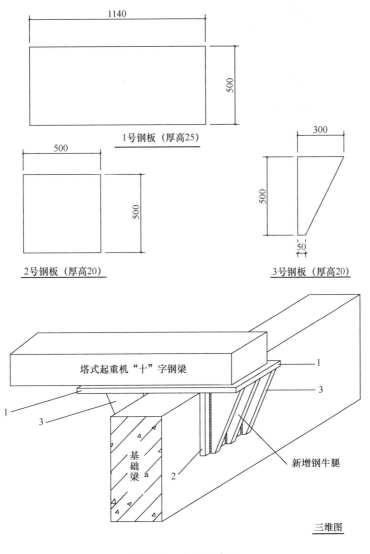

图 4-126 牛腿示意图

图 4-127 塔式起重机底架安装及压重块固定

4.26 复杂异形蜂窝状高层钢结构的施工技术

上海钢铁交易大厦外立面采用异形蜂窝状框架结构，主体钢结构吊装施工于 2010 年 12 月结束，该工程已于 2012 年 6 月 26 日竣工备案验收。在该工程之前，国内尚无采用该种蜂窝状框架结构的高层结构。上海钢铁交易大厦采用内筒外框钢结构施工，建筑物平面结构呈回字形，中间为 15.4m×15.3m 的钢筋混凝土核心筒，外围是由钢柱、型钢混凝土柱、钢梁等结构组成的 37.35m×33.2m 的钢框架，框架柱采用箱形柱和型钢混凝土柱，框架梁为实腹式钢梁，两端与框架柱刚接，而楼面梁一端与钢柱刚接，另一端和钢筋混凝土筒体铰接，钢结构外围是蜂窝网格柱，建筑标高为 63.4m，楼层标准层层高为 3.9m。

4.26.1 创新点

（1）该工程共有 427 根钢柱，其中最轻钢柱为 2t，2t 钢柱要在空中就位且保证轴线的准确性，难度很大。为保证钢柱的就位准确，项目部采用千斤顶顶撑式技术进行钢柱辅助调节及定位，很好地解决了钢柱的就位问题。

（2）该工程钢结构构件的加工数量庞大，且要保证钢结构焊接收缩后构件的精度，很难。项目部采用先进的设备对每块钢板进行精度控制，通过胎膜进行构件精度的控制，很好地解决了单个构件的焊接精度问题。

4.26.2 关键施工技术

1. 工艺流程

（1）利用胎膜架控制方法进行蜂窝网格柱的加工制作。

（2）采用塔式起重机吊装就位蜂窝网格柱，利用连接板和缆风绳对钢柱进行固定，用全站仪和水准仪测量坐标、轴线、垂直度、标高等，符合要求后对钢柱进行焊接。

（3）焊接后对钢柱的轴线、垂直度、标高进行复核，确认无误后割除连接板。

2. 操作要点

（1）蜂窝网格柱的加工

1）网格节点加工难点主要为箱体部分。钢板下料时，箱体部分的盖板和底板如果整板下料，会产生很多下脚料，材料利用率极低。而此种节点在本项目钢结构工程中所占相对密度比较大，这样会极大地增加工程成本。因此，我们计划将底板和盖板分成七部分下料，然后再拼接成整板，拼接焊缝采用全熔透焊焊接。

2）网格节点腹板为半径 200mm 的弯弧板，采用油压机压制完成，然后按以下步骤进行蜂窝网格柱的拼装加工。

① 胎架制作时先把节点底板的实际投影位置，节点的外轮廓线、各中心线、构架安装位置线在拼装台上画出来，然后按胎架位置线设置胎架，胎架上口标高尺寸必须检查合格方可使用。

② 胎架检验合格后，将底板吊上胎架进行定位，定位必须正对地面中心线、端面企口线、外轮廓线等，确认无误后与胎架进行定位焊，并按胎架底线画出底板上的构架安装位置线。

③ 底板定位后根据底板上画出的装配位置线安装箱体内部加劲隔板。

④ 装配腹板。腹板定位时必须定对端面企口线以及垂直度，并与底板、内部加劲隔板进行定位点焊。

⑤ 装配盖板。盖板与隔板之间的焊缝采用电渣焊焊接。

⑥ 组装两侧框架梁段和内侧楼面梁。

（2）蜂窝网格柱的吊装

蜂窝网格柱的吊装采用每个三角节点作为一个吊装单元。

1）钢柱安装应按照顺序进行，以便及时形成稳定的框架体系。

2）钢柱安装前必须将吊索具、操作平台、爬梯、溜绳以及防坠器等固定在钢柱上。

3）利用钢柱的临时连接板作为吊点，吊点必须对称，确保钢柱吊装时呈垂直状。

4）构件起吊时必须平稳，不得使构件在地面上有拖拉现象；需要有一定的高度，起钩、旋转、移动三个动作交替缓慢进行，就位时缓慢下落，防止构件大幅度摆动和震荡。柱子就位时首先利用原钢柱上的轴线确定好柱子位置，此时可令起重机将 30%～40% 的荷载落在下部结构上，在起重机不松钩的情况下，将柱下部的中心线与原柱的控制轴线对齐，如果钢柱与控制轴线有微小偏差，可借线调整。

5）每节柱的定位轴线应从地面控制线的基准线直接向上引，不得引用下节钢柱的轴线。

6）用两台经纬仪从柱的纵横两个轴向同时观测，柱底依靠千斤顶进行调整（图4-128）。柱顶部依靠缆风绳捯链调整，无误后固定，并牢固拴紧缆风绳。

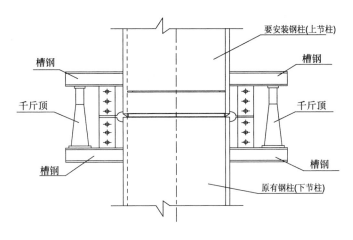

图 4-128　千斤顶顶撑校正

7）钢柱校正时应对轴线、垂直度、标高、焊缝间隙等因素进行综合考虑，全面兼顾，每个分项的偏差值都要符合设计及规范要求。钢柱校正分四步进行：初拧时的初校，终拧前的复校，焊接过程中的跟踪监测，焊接后的最终结果测量。初拧前可先用长水平尺粗略控制垂直度，待形成框架后进行精确校正。此时要考虑偏差预留，焊接后应进行复测，并与终拧时的测量成果相比较，将此作为上节钢柱校正的依据。

8）吊点设置。钢柱吊点的设置需考虑吊装简便，稳定可靠，还要避免钢构件的变形。钢柱吊点设置在钢柱的顶部，直接用临时连接板（连接板至少4块）连接。为了保证吊装平衡，在吊钩下挂设4根足够强度的单绳进行吊运，为防止钢柱起吊时在地面拖拉造成地面和钢柱损伤，钢柱下方应垫好枕木，钢柱起吊前绑好爬梯。吊装单元应就位在塔式起重机的吊装半径内起吊，起吊时柱节点是卧伏在地面的，为使在起吊时柱节点能平稳转化到竖直状态，在吊具配置时使用平衡滑轮，这样可保证索具不与吊钩摩擦，节点能平稳立直。

（3）钢结构焊接施工

1）首先在焊接区域搭设操作平台（上铺竹板或木板），根据该工程特点以网状钢柱为主，如图 4-129 所示。

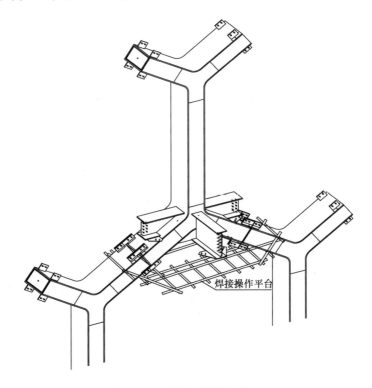

图 4-129　网状钢柱操作平台

2）焊接工艺要求对焊条进行烘焙，烘烤温度 300℃，恒温 1h 后降温至 100℃保温，领用时放在焊条保温筒内，并填好记录单。

3）该工程现场焊接接头形式为：箱形柱单面 V 形带垫板横焊全熔透横焊缝，柱与梁单面 V 形带垫板平焊全熔透平焊缝，梁与梁单面 V 形带垫板平焊全熔透焊缝。

材质：Q345GJ；

厚度：12～30mm；

焊接方式：手工电弧焊（SMAW），半自动手工气体保护焊（GMAW）；

焊条：E5016（J506）（焊丝：ER50-6）；

焊机：松下 SS-400A（焊机：NB-500）。

4）柱与梁连接角焊缝、对接平焊缝，引、收弧板采用工艺板每边加长40mm，引、收弧在垫板上进行。焊缝探伤合格后将引弧板气割切除、打磨。

5）梁和柱接头的焊缝，宜先焊梁的下翼缘板，再焊其上翼缘板。先焊梁的一端，待其焊缝冷却至常温后，再焊另一端，不宜对一根梁的两端同时施焊。

6）柱与柱接头焊接，应由两至三名焊工在相对称位置以相等速度同时施焊。

7）箱形柱接头焊时，柱两相对边的焊缝首次焊接的层数不宜超过4层。焊完第一个4层，清理焊缝表面后，转90°焊另两个相对边的焊缝。这时可焊完8层，再换至另两个相对边，如此循环直至焊满整个柱接头的焊缝为止。

8）柱与柱、梁与柱接头焊接试验完毕后，应将焊接工艺全过程记录下来，测量出焊缝的收缩值。

9）当风速大于5m/s（四级风）时，应采取防风措施方能施焊。

10）焊接工作完成后，焊工应在焊缝附近打上（或用记号笔写上）自己的代号钢印。焊工自检和质量检查员所做的焊缝外观检查以及超声波检查，均应有书面记录。

4.27 中风化泥质白云岩大筏板基础直壁开挖施工技术

超高层建筑对地基的承载力要求较高，在贵州省喀斯特地貌条件下中风化泥质白云岩因分布较广而成为建筑基础的主要受力载体，但中风化泥质白云岩具有风化速度快易受外力影响且在开挖暴露后短时间内极易软化等特点，对地基承载能力造成较大影响，尤其在传统的大型挖掘设备施工后，往往要进行大量的人工修整及清底工作。在工程实践中经过大量的探索形成本技术，该技术具有降低对基础的扰动、减少开挖过程中造成的松散层、减少地基暴露时间、降低清理量、提高工作效率等诸多优点，特别是解决了超高层基础对于承载力要求高及施工工期紧张等问题。

4.27.1 创新点

（1）采用静力钻孔设备与动力破碎设备结合的方式替代传统动力破碎的方式，提高了对开挖边线的控制精度。

（2）采用直壁开挖的方式替代传统放坡开挖的形式，降低了开挖量及回填量，提高了工作效率，缩短了施工工期，降低了施工成本。同时，也降低了粉尘污染、噪声污染，在环境保护方面也有较好的社会效益。

（3）采用 KT5 型一体式露天潜孔钻车静力钻孔的方式将所需挖除的岩面和需保留的岩面进行分离，即沿基础开挖边线同时进行钻孔作业，孔口相互咬合形成直径 150mm 的分离带，再采用动力挖掘设备消除动力设备开挖过程中动力扰动对需保留岩面承载力的影响。

4.27.2 关键施工技术

1. 工艺流程（图 4-130）

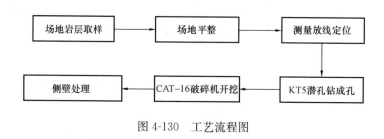

图 4-130 工艺流程图

2. 操作要点

（1）场地岩层取样

根据设计要求，在现场确定好基础开挖的边线。沿着基础边线，按照不大于 5m 的间距、基础的深度对岩层进行取样，对取样孔及对应的岩石样品做好编号，确保需直壁开挖的场地区域划分无误。对所取岩层样品按照强度等级进行划分，若岩石强度介于 6~20MPa，则可满足直壁开挖的强度要求，可采用直壁开挖。若岩石强度小于 6MPa，则说明现场土质较软，采用传统基础施工工艺即可。

（2）场地平整

基础开挖前，应首先确保道路畅通，可满足大型设备进场施工。对场地进行平整，控制作业场地与水平线夹角在 10° 以内，以便潜孔钻定位。对于地下水丰富的工程，为避免基坑持续被浸泡在水中，导致地基承载力下降，甚至在挖机等大型设备作业时会压碎岩层，破坏地基，因此必须在开挖前进行持续性场地降排水，保证施工期间不中断，为基础施工提供无明水作业面。

（3）测量放线

按照施工图纸要求，在现场进行测量放线，确定好基础边线。将基础边线外扩 75mm 确定好潜孔钻开孔位置。根据现阶段场地标高及设计要求的基础底标高，确定好潜孔钻的成孔深度。

（4）KT5 潜孔钻成孔

采用 φ150mm 的钻头开孔，要求咬合成孔，形成连续的贯通带，保证土方开挖时不扰动周边地基。控制孔底标高高于基础底设计标高 0~20cm，但严禁超钻，破坏基底岩层的完整性，导致承载力下降。潜孔钻成孔时，应保证钻头的垂直度。根据基础的实际大小，确定 KT5 潜孔钻的数量。

（5）CAT-16 破碎机开挖

土方由分隔孔开始开挖，利用 CAT-16 破碎机配合挖机，将基坑范围内土方挖掉。基坑开挖时应遵循"分层开挖，先排水后开挖，严禁超挖"的原则，其挖土方法和排水顺序应与设计工况相一致。认真做好基坑降水及明排水工作，确保基坑干燥，加快施工进度。坑边不宜堆置土方或其他设备和材料，以尽量减少地面荷载。基坑开挖过程中应加强对围护结构的检查工作，发现有渗漏现象应及时封堵。开挖过程中应多次反复测量场地标高，防止土方多挖和超挖。机械挖土至坑底标高＋0.200m左右的土方应采用人工配合机械修土，以保证原状土的完好。当开挖至基底持力层承载力不满足要求时，需挖除该土层并用素混凝土（混凝土强度等级按设计要求）回填至设计标高。

（6）侧壁处理

侧壁处理前，应先浇筑完垫层，放好标高控制线、基础结构边线。对侧壁上部岩层作植筋处理，植筋间距1200mm，梅花形布置，钢筋可采用 $\phi20$mm，植筋后再对侧壁挂设 $\phi10$mm@150mm×150mm 钢丝网片，保证深基坑侧壁的安全性。责任单位联合验收后，应快速对侧壁进行浇筑处理，避免长期暴露。

4.28 深基坑双排双液注浆止水帷幕施工技术

袖阀管注浆帷幕施工首先通过锚杆钻机钻孔至设计深度，灌注套壳料、下入袖阀管；待套壳料凝固之后对袖阀管进行注浆施工。

袖阀管注浆是水泥浆通过注浆泵加压后，由高压管输送至镀锌注浆芯管，注浆芯管另一端连接注水膨胀式注浆枪头（两头为可膨胀橡胶，中间为出浆口），注浆枪头在注浆过程中处于膨胀状态，与袖阀管内壁充分接触，防止水泥浆在袖阀管内壁冒浆。随着注浆量的增大，袖阀管内的压力不断增强，在浆压的作用下，将袖阀管橡胶袖阀胀开，套壳料被劈裂破碎。随着供浆量的持续输送，带有一定压力的浆液就会沿着橡胶袖阀周边向周围地层产生充填、劈裂、压密、渗透等作用，从而对周围土体起到加固作用。在加固土体中形成网状固结体，从而形成复合土体，改善土体质量，而达到增加土层密实度、降低土层渗水性的目的。袖阀管一次注浆之后必须用清水清洗，可根据土层地质情况实现袖阀管多次、重复注浆。袖阀管钻孔、下管、洗管可平行作业，提高施工效率，缩短工期。袖阀管注浆使用的水泥由现场硅酸盐水泥（P.Ⅱ52.5R）湿磨制成，超细水泥拌制的水泥浆液流动性、可灌性及渗透性优于非超细水泥。

4.28.1　创新点

为对浆压有一个准确的调节，现场采用无级调速器对注浆泵转速进行调节，从而可以准确控制浆压。

钻孔采用履带式液压锚杆钻机（JK-90 型），钻孔过程中套管全程跟进，相比于泥浆护壁成孔，有效地解决了坍孔和孔底沉渣等问题。

4.28.2　关键技术措施

（1）袖阀管注浆是集劈裂注浆和压密注浆于一体的新型土体注浆加固、止水方法。

（2）钻孔采用履带式液压锚杆钻机（JK-90 型），钻孔过程中套管全程跟进，相比于泥浆护壁成孔，有效地解决了坍孔和孔底沉渣等问题。袖阀管下管完成后，把一端焊有扩大头的钢筋插入管内，防止袖阀管上浮，提高了袖阀管下管质量。

（3）注浆枪头两头带有注水膨胀式止浆塞，该注浆枪头在膨胀状态下能够与袖阀管内壁紧密接触，不仅能够有效消除管内冒浆现象，还能对注浆段起到增压作用。

（4）注浆枪头在泄压状态下可以在管内自由移动，能够根据现场实际需要对任一段进行注浆及薄弱区域进行重复注浆，可以做到定段、定量注浆。

（5）注浆时采用先施工外侧后施工内侧的方法进行，每排孔按三序加密（隔两个孔）方式注浆施工，以防止发生窜浆现象。

（6）现场注浆采用超细水泥，该超细水泥由现场硅酸盐水泥（P. Ⅱ 52.5R）湿磨制成，现场湿磨设备简单、操作方便、体积小、能耗低，与干法制备细水泥相比经济效益明显，避免了干法细水泥易受潮、易结块、易变质、不易保管等缺点。

5 工 程 案 例

5.1 广州周大福金融中心（广州东塔）工程项目

5.1.1 工程照片（图 5-1）

图 5-1 广州东塔工程项目组图

5.1.2 工程简介

广州周大福金融中心（广州东塔）位于广州市珠江新城 J2-1、J2-3 地块，珠江大道东侧、冼村路西侧，北望花城大道，南邻花城南路。该工程占地面积2.6 万 m²，地下 5 层，地下建筑面积 10.34 万 m²，塔楼地上 111 层，高530m，裙楼地上 9 层，高 50.65m，地上建筑面积共 40.35 万 m²，总建筑面积达 50.69 万 m²。该工程地处珠江新城 CBD 中心地段，是集酒店及餐饮、服务式公寓、甲级写字楼、地下商城等功能于一体的综合性大楼。

广州周大福金融中心结构体系为巨型框架-核心筒，由钢筋混凝土核心筒（内含钢板/型钢）、巨型钢管混凝土柱同 6 道双层环桁架组成的巨型框架，以及协同核心筒和巨型框架共同工作的 4 道伸臂桁架组成。核心筒为钢筋混凝土墙体，底部加强部位的外筒墙体内配有箱形钢板/单钢板，内筒墙体配有加劲型钢。核心筒贯穿整个塔楼结构，形成连续的抗侧体系。巨柱采用钢管混凝土柱（CFT），钢材为 Q345C；混凝土强度等级为 C80/C60，采用钢板最大厚度为 50mm。核心筒内考虑筒体整体性采用现浇混凝土楼板体系，核心筒外围采用钢梁加组合楼板体系。

5.1.3 工程亮点

2011 年 8 月 6 日广州周大福金融中心项目正式开工，2012 年 1 月 19 日主塔楼地下室封顶，2014 年 8 月 26 日完成主体结构全部封顶。项目通过各项科技创新工作，在施工过程中创造了 10 项国内及世界第一。施工期间，先后完成科技创新课题及其子课题，如"超高层高适应性绿色混凝土的研发与应用"整体达到国际领先水平；"基于 BIM 的施工总承包管理系统的研究与应用"整体国际先进，其中，基于 BIM 的总承包管理技术及系统集成应用方面达到国际领先水平等。

工程运用了超高层高适应性绿色混凝土技术、大型地下室综合施工技术、高精度超高测量施工技术、超高层导轨式液压爬模施工技术、BIM 施工技术、超高性能混凝土的超高泵送技术、超高层施工期垂直运输大型设备技术等技术。

5.2 贵阳国际金融中心一期商务区项目（1、2号楼）工程项目

5.2.1 工程照片（图5-2）

图5-2 贵阳国际金融中心一期商务区项目（1、2号楼）工程项目组图

5.2.2 工程简介

贵阳国际金融中心一期商务区项目（1、2号楼）位于贵阳市未来城市中心金阳新区最重要的金融CBD。贵阳市将被打造为我国西南地区重要的中心城市之一。作为贵阳金融中心片区最重要的中心位置，该建筑的外立面设计总体意图为表达并强调建筑的几何造型，两栋塔楼一高一低，最高点分别为

401m 及 275m。均匀地向上收小，并且在转角处从下至上呈倒 V 字形变化。以一种强势崛起的态势，象征金融区蓬勃向上的朝气；塔楼顶部璀璨夺目的造型自然地成为区域的焦点。1、2 号楼双塔耸立，成为片区城市天际线的巅峰，有效地统领全局，树立区域绝对的核心形象。项目地块位于贵阳金阳新区，贵阳国际金融中心西南角地块，建筑布局以两栋超高层塔楼形式强调建筑的标志性和昭示感。1 号楼的功能为酒店和办公，裙房主要功能为酒店宴会空间。2 号楼的功能为办公。其中，1 号楼的车行落客区共四个，其中南侧和东侧为办公车辆落客区，西侧为酒店以及酒店宴会车辆落客区。2 号楼的车行落客区共两个，西侧与南侧均为办公落客区。西南角设置两个地下车库出入口，供办公以及酒店地库车辆出入。人行方面，办公入口集中在南侧和东西两侧，酒店入口布局在中间。场地整体基本平整。根据基地周边道路标高，采用斜坡过渡，坡度不大于 3％；首层室内建筑标高 1.000m 相当于绝对标高 1277.700m，室内外高差采用缓坡处理。

项目运用了大型地下室综合施工技术、高精度超高测量施工技术、斜扭钢管混凝土柱抗剪环形梁施工技术等技术。

5.3 汉京金融中心工程项目

5.3.1 工程照片（图 5-3）

图 5-3 汉京金融中心工程项目组图

5.3.2　工程简介

汉京金融中心位于深圳市南山区科技中一路与深南大道交汇处，项目总用地面积约 11016.94m²，总建筑面积约 165749.38m²；建筑高度 320m，结构顶高约 355m；主塔楼地上 61 层，附设 4 层商业裙房，地下 5 层，基坑开挖深度 23m。

工程根据基坑周边的地质情况及环境，选用支护形式为支护桩＋锚索、支护桩＋内支撑。采用旋挖桩或钻（冲）孔灌注桩，配合内支撑，以中、微风化岩作为桩端持力层进行基坑土体支护，同时设置深层搅拌桩或高压喷射注浆截水后进行坑内降水。

工程地下室结构形式为钢巨柱与混凝土梁板剪力墙外加箱形斜撑组合结构，主塔楼地上为巨型框架支撑结构。结构采用 30 根方管巨柱竖向主体支撑，框架柱之间采用斜向撑杆和钢梁连接作为塔楼抗侧力体系，形成带支撑的钢框架结构，30 根巨柱为巨型方钢管内灌注 C80、C70 高强度混凝土形式，其避难层在标准层基础上于框架柱和楼层面增设斜支撑；裙房地上结构 4 层，为钢框架-剪力墙体系；两座核心筒为劲性钢骨柱，裙房西侧为悬挑结构，其外框为复杂桁架结构。

5.3.3　工程亮点

1. 全球高建钢用量最多的超高层建筑

工程钢结构用量巨大，总用钢量 5.5 万 t，相当于两个地王大厦的用钢量。其中，Q460GJ 高建钢是继鸟巢之后第二次在中国使用，用量达 2.8 万 t，约为中国 Q460GJ 高建钢 8 年的产量，用量在世界上史无前例。

2. 世界最高核心筒分离全钢结构建筑

主塔楼为巨型框架支撑无核心筒结构，由 30 根方管混凝土柱作为竖向主体支撑，框架之间采用斜向撑杆作为主塔楼结构抗侧力体系，结构设计采用了最新抗震性态设计方法和非线性时程分析。

3. 世界最多蝶形节点建筑单体

蝶形节点主要作用是连接钢柱、钢梁与支撑截面，其组装焊缝及连接焊缝均完全熔透焊，制作工艺复杂。蝶形节点通过工厂加工制作，再在原有基础上优化设计才能安装，安装程序复杂，整个工程蝶形节点多达 347 个，用量创造世界之最。

工程运用了超高层不对称钢悬挂结构施工技术、全螺栓无焊接工艺爬升式塔式起重机支撑牛腿支座施工技术、基于 BIM 的钢结构预拼装技术等技术。

5.4　佳兆业金融大厦工程项目

5.4.1　工程照片（图 5-4）

图 5-4　佳兆业金融大厦工程项目图

5.4.2　工程简介

项目位于深圳市福田区深南中路和上步路交界处深南中路南侧、华强北与罗湖两大商圈之间。地块属于福田区，位于深南中路与上步路交叉路口西南侧，西临松岭路，南临南园路，基地北侧为华联大厦，西侧为统建楼，东侧为老市政府和深圳商业银行及中信广场，南侧为上步大厦。

总建设用地面积约 14411.11m²，总建筑面积约 178080m²。其中，计容建筑面积 135917m²（含核增），容积率不大于 9.43，建筑覆盖率 44.2%，总高度 248m。

项目使用性质为企业自用的超甲级总部办公楼结合商业功能的综合性建筑。其中，塔楼为办公，裙楼及部分塔楼的地下一层为商业。地下二层到地下四层的主要功能是人防地下室、地下停车库及设备机房。

地块周围景观良好，绿地率较高，并可远眺深圳市不断增长的天际线。东侧为郁郁葱葱的荔枝公园和中信广场，南侧可远眺繁华的东方之珠香港，东北侧是深圳欣欣向荣的现代超高层建筑区，西侧为安静的行政办公区。

地块的交通条件十分优越：地铁一号线从地块北侧地下穿过，地铁六号线科学馆站亦与地块对接。另有三个大公交车站，30 条线路来往于市区各地，公共交通便捷。建筑设计充分考虑到地块周边景观的多样性，结合多朝向的立面，充分展现企业的活力。

5.4.3 工程亮点

基于城市条件下的规划设计理念：

（1）结合场地周围多个吸引点；

（2）为整个区域创造了一个地标；

（3）沿深南中路形成友好近人并标识性显著的外立面；

（4）沿场地南侧形成功能合理并具有代表性的建筑下客区；

（5）提供了便捷的地下公共通道连接。

项目由一栋 260m 以内高度的超高层塔楼及其裙房组成。建筑设计充分考虑到地块周边景观的多样性，结合多朝向的立面，充分展现企业的活力。若干个小型塔楼组成塔楼主干。若作为建筑单体，它们也略显薄弱，但作为一个建筑整体，不仅造型优雅挺拔，还给人以团结坚固的印象。塔楼的顶层逐层后退，层层入云，体现了深南中路上引人注目的地标建筑的形象。

工程运用了大型地下室综合施工技术、工具式定型化施工电梯超长接料平台施工技术、深基坑双排双液注浆止水帷幕施工技术等技术。

5.5 七彩第壹城八号地块1、2号写字楼工程项目

5.5.1 工程照片（图5-5）

图 5-5 七彩第壹城八号地块1、2号写字楼工程项目组图

5.5.2 工程简介

七彩第壹城八号地块1、2号写字楼，位于昆明市呈贡区彩云南路与朝云路交叉路口，总建筑面积约140000m²。主要使用功能为购物中心、办公、酒店、住宅建筑、地上商业、地下商业及地下车库等。

1号写字楼总高度288m，地下3层，地上56层，单层建筑面积1964m²，总建筑面积10.99万m²。主楼平面呈正方形，柱外边到外边尺寸为40.1m×40.1m；筒体外墙边到边尺寸为24.0m×24.2m。结构形式为矩形钢管混凝土框架柱＋钢梁＋型钢（钢板）混凝土核心筒＋外伸钢臂（伸臂桁架）＋周边带状桁架。一层层高为7m，二至七层层高为5.5m，八层层高为5.1m，十五层、

三十一层、四十五层为避难层，层高为 5.4m，其余各层层高为 4.1m。主要施工工艺：核心筒采用爬模＋钢模＋铝膜施工，外框采用框板＋桁架＋铝膜/木模施工。

2 号写字楼总高度 173m，地下 3 层，地上 35 层，单层建筑面积 1961m²，总建筑面积 6.81 万 m²。主楼平面为矩形，柱外边到外边尺寸为 32.6m×55.1m；筒体外墙边到边尺寸为 13.9m×33.95m。结构形式为型钢混凝土框架柱＋钢梁＋型钢混凝土核心筒。一层层高为 6m，二至七层层高为 5.5m，八层、二十四层层高为 5.4m（避难层），其余各层层高为 4.1m。主要施工工艺：核心筒采用爬模＋钢模＋铝膜施工，外框采用爬架＋传统木模施工。

1、2 号办公楼建筑结构安全等级及设计使用年限：地下一层为重点设防类（乙类），地下二层、三层及上部结构为标准设防类（丙类），1 号楼上部结构为重点设防类（乙类）；建筑结构安全等级为二级；地基基础设计等级为甲级；耐火等级为一级，主要构件的耐火极限不应小于：承重墙 2h，柱 3h，梁 2h，楼板及疏散楼梯 1.5h；抗震等级为特一级；设计年限为 50 年。

设计按自然条件相关荷载，地面粗糙度为 C 类。按抗震设防烈度 8 度的要求进行抗震设计。混凝土结构的环境类别，地面以下的室内部分及地面以上混凝土结构的室内干燥环境类别为一类；上部结构的露天部分、地下室顶板、各类水池及处于室内潮湿环境的混凝土结构的环境类别为二 a 类；地下室底板、外墙迎水面及桩基础等处于干湿交替环境的混凝土结构的环境类别为二 b 类。

工程运用了箱形基础大体积混凝土施工技术、预制装配化压重式塔式起重机基础施工技术、附着式塔式起重机自爬升施工技术、超高层导轨式液压爬模施工技术等技术。

5.6　广东全球通大厦工程项目

5.6.1　工程照片（图 5-6）

图 5-6　广东全球通大厦工程项目图

5.6.2　工程简介

广东全球通大厦为中国移动广东公司总部大楼，是一幢设计先进、功能配套齐全、智能化程度高、节能应用广泛的通信枢纽工程，承担广东地区移动通信网络的运营与管理功能，是 2010 年广州亚运会通信保障中心，也是国内首创移动信息化大厦。

工程位于广州市珠江新城 F1－3 地块，东临珠江大道西，南临华成路，西临华夏路，北临华明路，正对广州市新中轴线腰鼓形广场西侧，是广州珠江新城 CBD 区标志性建筑物之一。

该工程总用地面积 16640m²，建筑面积 124524m²（其中地下 29419m²，地上 95105m²），地下 3 层，地上 38 层，建筑总高度 165.2m。地上 1～8 层裙房为员工活动中心、会议中心区等用途，主塔楼 9～33 层为大开间办公室、资料房，34～37 层为会议室及董事层办公室，38 层为设备房、小型避难区和停机坪。

结构主体采用预应力与高强度钢骨混凝土筒体混合结构的完美结合，保证了工程特一级的抗震性能。在满足大厦使用功能的同时大大减少了钢筋、混凝土的用量，节约社会资源。

在该项目中，我们涉及的工程范围有建筑给水排水及供暖工程、建筑电气工程、通风与空调工程、智能建筑工程、电梯工程及消防工程。120 个给水系统、73 个排水系统、127 个机电系统、123 个设备机房全部用计算机进行综合排布，设备安装规范、运行平稳，综合管线立体分层、排列整齐、坡度正确，电缆分层排布合理。各类标识规范、清晰、醒目。22 台电梯运行平稳、停层准确、呼叫灵敏。智能化各子系统全部通过第三方检测，特别是综合布线系统通过移动 ITC 全部点位的 FLUKE TIA6 类标准检测验收，现场安装设备运行正常、信息通畅、控制精确、标识准确，通过近一年的使用，满足功能要求。

5.6.3 工程亮点

该工程社会效益良好，先后获得中建杯、广东省优良样板工程、3A 级安全文明标准化诚信工地等 10 余个奖项。

工程使用以来，结构安全、设备运行平稳，使用单位非常满意。并成功为 2010 年第 16 届亚运会和第 10 届亚残运会提供了优质的通信保障服务。

工程运用了大型地下室综合施工技术、高精度超高测量施工技术、超高层导轨式液压爬模施工技术、超高性能混凝土的超高泵送技术等技术。

5.7 上海钢铁交易大厦工程项目

5.7.1 工程照片（图 5-7）

图 5-7 上海钢铁交易大厦工程项目图

5.7.2 工程简介

项目由同济大学建筑设计学院设计，内部无立柱，以国内罕有的钢结构晶状六边形外立面、全玻璃幕墙展示独有结构美。大厦独有的百种夜景灯光是大柏树地区景观之一。5A级商务配置，邻近五角场城市副中心、曲阳商圈，周边有成熟的生活、商务配套，是五角场地区绝佳的商务办公选择。同时，毗邻

271

复旦大学、同济大学、上海财经大学等知名高校，人力资源丰富，人文气息浓厚。内环、中环、逸仙路高架三线环绕，附近有大柏树公交枢纽站，步行10min 到轻轨 3 号线，交通网络四通八达。

该工程为大厦 B 塔楼，B 楼主楼 15 层，裙房 5 层，地下 2 层。B 楼主楼高 63.4m，裙房高 23.93m，地下每层高 4.5m。本工程设计标高±0.000 相当于绝对标高 4.900m，室内外高差 0.3m。

采用外围钢结构框架-钢筋混凝土核心筒结构体系。外立面网状钢结构框架与核心筒部分通过 H 型钢梁连接形成外围钢框架。裙房和地下室为钢筋混凝土框架结构。网状钢框架均由六边形网格构成，与建筑立面幕墙网格划分一致。

5.7.3 工程亮点

（1）主体结构采用内筒外框钢-混凝土组合结构，钢柱分布在外框架部位，钢柱采用蜂窝网格柱，是钢结构吊装的重点。

（2）钢柱高度地下为 -4.6m，地上为 62.7m。构件吊装时应充分考虑其垂直运输效率。

（3）钢框架平面尺寸为 37.35m×33.2m，最重的钢柱分布在钢框架四个角上。

（4）根据设计图给出的钢柱分段图和塔式起重机的相对位置，由钢柱的分段重量合理选择塔式起重机。

工程运用了复杂异形蜂窝状高层钢结构施工技术、斜扭钢管混凝土柱抗剪环形梁施工技术、基于 BIM 的钢结构预拼装技术等技术。

5.8 厦门怡山商业中心工程项目

5.8.1 工程照片（图 5-8）

图 5-8 厦门怡山商业中心工程项目图

5.8.2 工程简介

厦门怡山商业中心位于思明区鹭江道，为地上 43 层、地下 5 层，建筑总高度192m，总建筑面积8.9万 m^2 的5A级高档写字楼。基础形式为承压桩采用逆作板墙深井灌注桩和柱下抗拔桩，柱下抗拔桩设计桩顶标高以上采用逆作板墙深井成孔，桩顶标高以下采用钻（冲）孔成孔；纯抗拔桩采用钻（冲）孔成孔。主体结构采用钢管混凝土框架-钢支撑结构体系，楼盖采用压型钢板组合楼板。

该工程由信山置业（厦门）有限公司投资兴建，上海江欢成建筑设计有限公司承担结构设计，万地联合（厦门）工程设计有限公司承担建筑设计，中国建筑第四工程局有限公司承建施工，于2008年10月开工，2012年1月竣工。

5.8.3 工程亮点

该工程成功应用9大项25小项建筑业新技术，运用了8项其他新技术，已取得2项科技成果："逆作板墙深井灌注桩成套施工技术"和"无粘结预应力及桩侧后注浆施工技术在大吨位抗拔桩中的应用"，经厦门市科技局鉴定委员会鉴定，均达到国内领先水平；以该成套施工技术中应用到的自密实混凝土为工程实例，参与编制了行业标准《自密实混凝土应用技术规程》JGJ/T 283—2012，该规程经鉴定达国际先进水平，已获国家知识产权局8项专利，已获得"复杂施工条件地下室中二边一逆作施工工法"等3项省部级工法，已在《施工技术》杂志上发表《厦门怡山商业中心逆作板深井灌注桩综合安全施工技术》等5篇论文。通过推广应用新技术，技术进步效益达到2%，取得了良好的经济效益和社会效益。该工程创造了福建省建筑施工行业3个第一：第一个使用地下连续墙，第一个应用逆作法施工5层地下室，第一个将预应力和后注浆技术应用于逆作抗拔桩之中；2个之最：已成投入使用的最高写字楼，基坑深度最深（31.1m）。

在施工过程中，先后有厦门市有关部门组织来现场观摩，也有其他建设单位来现场考察。因而它创造了良好的社会效应和扩大了企业知名度。自工程竣工以来，设备运转正常，使用功能良好，环境舒适，未出现任何使用功能和质量问题，全面完成成本、质量、安全、科技、工期、CI等各项指标，取得了良好的经济效益。该工程大量运用新技术和科技创新，为节省近一年半的建设工期提供了强有力的技术支撑和保障，从而为业主带来2亿元的经济效益，得到业主及建筑行业管理部门的充分肯定。

工程项目已完成竣工验收备案，并经过一年多使用，未发现板裂、墙裂及渗水、漏水等质量问题缺陷、质量隐患和使用功能缺陷，且无投诉，工程质量得到业主和社会各界的高度赞扬。

工程运用了大直径逆作板墙深井扩底灌注桩施工技术、自密实混凝土技术、管理信息化应用技术等技术。

5.9 万菱环球中心工程项目

5.9.1 工程照片（图 5-9）

图 5-9 万菱环球中心工程项目图

5.9.2 工程简介

万菱环球中心为改建项目，位于珠海市香洲区水湾南路西侧、侨光路南侧、莲花路东侧，原为地上多层建筑、地下 3 层地下室。场地南侧有多栋多层房屋，其他三侧为市政道路，场地周边环境状况复杂，且易受地下水位变化的影响。现拟改建为地上 2 栋超高层建筑、地下 4 层地下室，基坑支护相对原有地下室外扩 4～10m，采用地下连续墙围护（兼作地下室结构侧壁）的形式。

原基坑周长约 418m，基坑面积约 9600m²，基坑支护形式采用桩锚结构，支护桩外侧为一排挡土钢板桩，原基坑±0.000 相对于绝对标高 7.800m。支护桩采用直径 1000mm、1200mm 人工挖孔桩，施工桩长为 16～18m；锚索采用 3ϕ150mm 钢绞线及钢丝束，倾角为 45°，施工深度为 20～30m，钢板桩施工深度为 18m。

新建基坑支护采用地下连续墙围护（兼作地下室结构侧壁）的形式。该场地现状为旧楼的 3 层地下室结构（已作加固处理），需要拆除。该工程设计标高±0.000 相当于黄海高程 4.250m，平整后场地标高为 2.250～-0.950m，基坑底面标高为-18.400m，基坑开挖深度为 17.45～20.65m，基坑内边周长约 450m，基坑面积约 11300m²。

工程运用了深基坑旧改项目利用旧地下结构作为支撑体系换撑快速施工技术、深基坑双排双液注浆止水帷幕施工技术、超高层建筑施工垂直运输技术、高精度超高测量施工技术等技术。